高光谱图像空间分辨率增强与高精度地物分类

汪洪桥　付光远　许悦雷　著

西北工業大學出版社

西　安

【内容简介】 高光谱遥感作为一种结合了遥感成像和光谱细分的多维信息获取技术，极大地丰富了所获取图像目标的信息。对于高光谱遥感应用中最受关注的分类技术而言，高光谱数据的图谱合一和高维度特性、高光谱图像像元解混、超分辨重建等空间分辨率增强方法，以及针对高光谱图像目标的有效特征提取与分类一直都是高光谱遥感领域亟待解决的问题。本书内容集中在高光谱图像的空间分辨率增强和目标分类理论及应用，涵盖高光谱图像的像元解混、超分辨重建和高精度地物分类等核心技术要点，涉及高光谱遥感图像处理、模式识别理论、多核机器学习和深度学习等，这些内容是当前理论研究和应用拓展的焦点。

本书对于从事遥感信息处理、高光谱数据处理与目标分类、机器学习、深度学习等方面工作的教学、科研人员，以及从事人工智能、模式识别、智能信息处理、计算机应用技术等专业的研究生均具有阅读参考价值。

图书在版编目(CIP)数据

高光谱图像空间分辨率增强与高精度地物分类 / 汪洪桥，付光远，许悦雷著. — 西安 ：西北工业大学出版社，2023.11

ISBN 978-7-5612-9102-3

Ⅰ.①高… Ⅱ.①汪… ②付… ③许… Ⅲ.①遥感图像-地物光谱特性-研究 Ⅳ.①TP75

中国国家版本馆 CIP 数据核字(2023)第 221922 号

GAOGUANGPU TUXIANG KONGJIAN FENBIANLÜ ZENGQIANG YU GAOJINGDU DIWU FENLEI

高光谱图像空间分辨率增强与高精度地物分类

汪洪桥 付光远 许悦雷 著

责任编辑：孙 倩　　策划编辑：杨 军

责任校对：朱辰浩　　装帧设计：李 飞

出版发行：西北工业大学出版社

通信地址：西安市友谊西路 127 号　　邮编：710072

电　　话：(029)88491757，88493844

网　　址：www.nwpup.com

印 刷 者：兴平市博闻印务有限公司

开　　本：787 mm×1 092 mm　　1/16

印　　张：7.875

字　　数：197 千字

版　　次：2023 年 11 月第 1 版　　2023 年 11 月第 1 次印刷

书　　号：ISBN 978-7-5612-9102-3

定　　价：39.00 元

前　言

高光谱图像的处理与分类是多学科交叉融合的产物，涉及数字图像处理、模式识别理论、多核机器学习和深度学习等，这些内容是当前高光谱地物分类领域理论研究和应用拓展的焦点。运用最新的机器学习方法，如多核机器学习、深度学习，使高光谱图像的像元解混、超分辨重建性能得以提升，高光谱图像高精度地物分类相关技术大为拓展。

本书内容新颖、选材广泛，主要关注基于统计多核机器学习方法的高光谱图像像元解混，基于自编码器和超像素分割的高光谱图像超分辨重建，基于卷积神经网络的高光谱图像谱-空联合分类等问题，代表当前高光谱图像空间分辨率提升和高精度地物分类研究的前沿，基本涵盖了当前高光谱图像分辨率提升和分类的主流方向。另外，本书从高光谱像元解混到图像超分辨重建，再到高精度分类，具体方法遵循从统计机器学习到深度学习的发展，也代表当前主流技术发展方向。本书各章的知识要点如下。

第 1 章主要介绍高光谱遥感基础和高光谱图像像元解混、超分辨重建与地物分类基本原理，综述高光谱图像像元解混、超分辨重建与地物分类的研究现状。

第 2 章引入多核方法，主要研究基于多核投影非负矩阵分解的高光谱解混方法，将非负矩阵分解方法中基矩阵和系数矩阵两个变量转换为用投影矩阵的一个变量表示，通过减少求解参数有效提高算法的运行速度。

第 3 章从像元间空间结构关系的角度出发，研究一种基于多核图正则化稀疏约束非负矩阵分解的高光谱图像像元解混方法。通过引入图正则项，实现对高光谱图像内部流形结构的表达，在丰度上添加稀疏约束，实现对高光谱图像像元解混精度的有效提高。

第 4 章针对高光谱图像超分辨重建问题，介绍谱-空约束的耦合自编码器网络实现高光谱图像超分辨重建方法。该方法通过共享的解码网络保留光谱信息并提出谱-空约束，利用向量全变差约束保留边缘信息并增强平滑性、角相似性减少光谱失真，获得高精度的端元和丰度矩阵并将其重建为高光谱图像。

第 5 章针对高光谱图像空间位置敏感数据分类问题，研究基于多核稀疏表示的高光谱图像高精度地物分类。该方法对高光谱图像在不同的尺度空间上融合邻域像元的光谱信息，使得空间信息得到更加有效的利用，在获得小样本情形较高分类精度的同时，也具有很好的稳定性和鲁棒性。

第6章基于传统统计机器学习方法，研究基于多尺度特征融合多核机器学习的高光谱图像高精度地物分类。该方法利用多尺度采样分析的特征提取及特征降维，得到目标非均匀多尺度特征，并通过多尺度核机器学习方法的分类器设计及学习方法，得到较高的地物分类正确率，并达到较高的正确性、可靠性和实时性的统一。

第7章针对高光谱图像空间、光谱特征信息冗余和各波段间数据高相关性问题，研究基于波段重组卷积神经网络的高光谱图像高精度地物分类。该方法以高光谱图像波段特征分析为基础，综合考虑图像的谱-空特性，目标分类的精度、速度，获取较快的网络收敛速度，并利用波段重组挖掘相似波段特征提高分类精度。

第8章以三维卷积神经网络为基本模型，从高光谱图像光谱域和空间域两个方面入手，系统研究基于聚类卷积神经网络的高光谱图像谱-空联合分类问题。针对高光谱图像数据中波段的高度相关性，研究基于波段重组和卷积神经网络的分类算法。通过优化高光谱图像谱-空联合分类中空间信息的选取方式，研究基于加权 K 近邻和卷积神经网络的分类算法。

本书是对笔者近年来紧密跟踪国内外技术前沿，潜心学习和研究高光谱图像质量提升、高精度地物分类这一热点技术和应用成果的一个总结。在此，特别感谢辜弘炀、张少磊、汪羚、姚钧译等教师和研究生的帮助。本书的出版得到了陕西省自然科学基础研究计划(2020JM－358)、装发预研快速扶持项目(61404150414)的资助。

由于笔者水平有限，书中难免存不足之处，恳请读者批评指正。

著　者

2023年5月

目　　录

第1章　绪　　论

1.1　高光谱遥感概述

20 世纪 80 年代，高光谱成像技术的出现进一步拓宽了人类认知世界、探测地球的能力。和传统遥感技术相比，光谱覆盖范围从可见光到短波红外波段，包含数十乃至上百个光谱图像，光谱分辨率更高，可以达到 $10^{-2}\mu m$ 级，甚至纳米级。光谱分辨率的提高，使得原本在传统遥感技术中难以发现的地物能够被纳入研究范围。由于光谱分辨率高，波段与波段间的间隔窄，高光谱图像的相邻波段间存在重叠部分，使得图上每个像元都可以看作是连续光谱曲线的具象化表达。这使得高光谱图像不仅具有被观测区域的空间信息，还具有相应地物的光谱信息，即“图谱合一”，如图 1.1 所示。根据光谱曲线的差异可以确定图像中每个像元所对应的地物，为地物识别与分析提供了便利条件。目前，高光谱遥感已广泛用于地质水文勘察、能源矿产勘探、环境污染监测、精准农业支持和地质灾害评估等民用领域，以及战场环境感知、伪装效果评估、毁伤效果评估等军事领域。图 1.2 所示是高光谱遥感在智慧农业、矿业勘探、监视侦测等领域的典型应用。

图 1.1　典型高光谱图像数据示例

经过了 40 年的发展，高光谱遥感受到世界各国的广泛关注，众多型号的高光谱遥感成像系统已经研发成功并投入实际使用。世界上首台成像光谱仪——航空成像光谱仪-1

(AIS-1)于1983年在美国航空航天局喷气推进实验室(Jet Propulsion Laboratory，JPL)问世。随后，第二代高光谱成像光谱仪——机载可见光/红外成像光谱仪(Airborne Visible Infared Imaging Spectrometer，AVIRIS)经JPL研制推出。AVIRIS的广泛应用，标志着高光谱遥感技术进入了快速发展时期。加拿大的荧光线成像仪(FLI)和小型机载光谱成像仪(CASI)、德国的反射光学光谱成像系统(ROSIS)、日本的全球成像仪(GLI)以及欧洲的紧凑式高分辨率成像光谱仪(CHRIS)等高光谱成像仪相继研制成功。与国际上研究发展同步，20世纪80年代我国也开始了对高光谱遥感的技术攻关，高光谱遥感技术进入国家863研究项目和“十一五”规划，包括细分红外光谱扫描仪(FIMS)、航空热红外多光谱扫描仪(ATIMS)、推帚式超光谱成像仪(PHI)、实用性模块化光谱仪(OMIS)等在内的遥感设备被先后研制成功。2003年，由我国自主研发的中分辨率成像光谱仪(CMODIS)实现了我国第一幅高光谱遥感图像的拍摄。2018年“高分五号”发射升空，成为世界上首颗对大气和陆地综合观测的全谱段高光谱卫星。

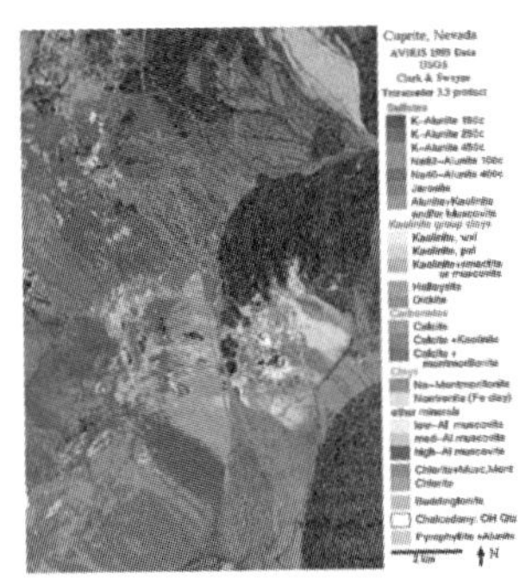

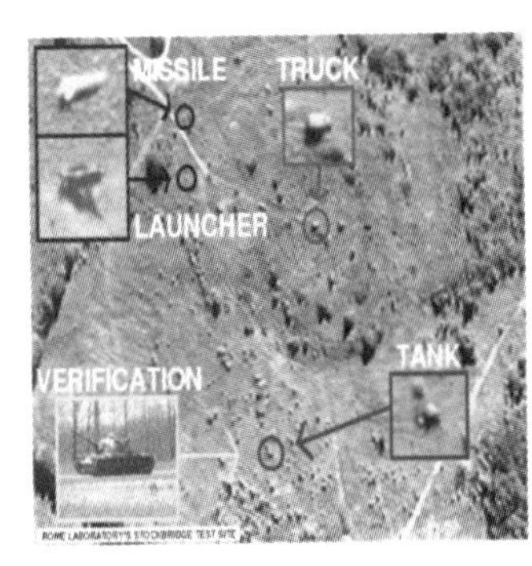

图1.2 高光谱图像的典型应用

较高的光谱分辨率在为高光谱遥感拓宽研究领域、提高应用精度的同时，也给传统的图像处理与分类带来了新的问题。

(1)由于高光谱图像的空间分辨率远低于其光谱分辨率，且在实际探测中地面地物分布大都复杂多样，导致高光谱图像中一个像元对应的区域往往存在多类地物，即像元为混合像元。同时，由于水汽、噪声干扰，同一类地物可能呈现出不同的光谱曲线，不同地物间光谱曲线也可能具有一定的相似性，即“同物异谱”和“异物同谱”现象。

(2)在实际应用中，由于训练样本的收集制作较为困难，通常高光谱图像中已知标签的样本数据较少。加之高光谱图像具有谱分辨率高的特点，会出现训练样本数量远小于图像维数的情况，导致在有限的训练样本的条件下对分类器进行训练容易出现休斯(Hughes)现象，造成地物分类算法不稳定，出现分类精度先升高、到达临界点后又下降的情况。由于高光谱图像的相邻波段间存在重叠，导致不同波段相关性高，存在过多的冗余特征，对分类器进行训练也容易产生过拟合问题。

(3)光谱分辨率的提高，使得高光谱图像的数据规模相较于传统遥感图像有了显著的提高，在数据传输、存储和处理方面的复杂度也随之增加，为高光谱图像处理算法带来了巨大的计算量，降低了算法对数据处理的效率。

上述问题的存在，一定程度上限制了高光谱遥感的应用，但作为一种结合了遥感成像和光谱细分的多维信息获取技术，高光谱遥感极大地丰富了所获取图像目标的信息。相信随着数字图像处理、模式识别理论、机器学习和深度神经网络等理论的不断发展，高光谱图像空间分辨率增强和数据驱动地物分类技术的不断进步，高光谱遥感的应用领域必将得到进一步拓展。基于此，本书以数据驱动的高光谱图像空间分辨率增强和目标分类理论及应用为核心，涵盖高光谱图像的像元解混、超分辨重建和高精度地物分类三部分内容，这些内容是当前理论研究和应用拓展的焦点。

1.2 高光谱图像空间分辨率增强技术

空间分辨率是评价传感器性能和遥感信息的重要指标之一，也是识别地物形状、大小的重要依据。从数字图像的角度来说，通常用单位长度内包含可分辨的黑白“线对”数表示(线对/mm)。对于高光谱图像，空间分辨率是指遥感影像上能够识别的两个相邻地物的最小距离。一般而言，图像空间分辨率越高，其识别物体的能力越强，但是实际上，空间分辨率的大小仅表明图像细节的可见程度，每一目标在图像上的可分辨程度并不完全取决于空间分辨率的具体数值，而是与目标的形状、大小及它与周围物体的亮度、结构的相对差异有关。例如，某对地观测卫星上的传感器地面分辨率为30 m×30 m，在1∶100 000的图像上，图像空间分辨率为0.3 mm。由此可见，图像空间分辨率还随图像比例尺的不同而变化。因此，本书中表述的空间分辨率增强，并不仅仅是图像空间分辨率提升这一狭义理解，还应包括有效信息提取、超像素表达等有利于图像中物体边界信息保持、图像处理复杂度降低、图像分割和分类精度提升等含义。对于高光谱图像的空间分辨率增强，本书主要从高光谱图像像元解混合高光谱图像超分辨率重建两方面入手，实现单一像元混合地物以及较低分辨率地物的辨识能力。

1.2.1 高光谱图像像元解混

对于高光谱图像，图中每一个像元上记录的是光线与对应区域中地物相互作用后被遥感仪器接收到的信号，可以反映区域中的地物分布情况。每个地面单元内往往散乱分布着不同种类、不同面积的地物，按照像元内地物类别的数量不同，可以把像元分为纯像元和混合像元。其中，纯像元对应区域只有单一地物分布，而混合像元的对应区域有两种或两种以上地物混合分布。受遥感仪器的空间分辨率的制约，混合像元在高光谱图像中普遍存在。像元解混是高光谱遥感图像分析的重要内容之一，其主要关注两方面问题：端元提取，确定像元包含的地物纯净光谱信息；丰度反演，根据预测的端元光谱，求解每个端元在像元中所占比例，通常情况下是指端元所占面积的百分比。

根据地物与光线作用方式的不同，高光谱数据混合模型分为线性混合模型(Linear Mixture Model，LMM)和非线性混合模型(Nonlinear Mixture Model，NMM)。依据建立的混合模型不同，像元解混方法可以分为基于LMM的方法和基于NMM的方法。

1. 基于 LMM 的解混方法

LMM 假设光线在传入遥感仪器前只同一种地物发生作用，地物粒子间没有相互作用，如图 1.3 所示。LMM 中像元所反映的光谱信息是由多类地物光谱按照一定比例线性混合而成的。对于一个在 m 个波段下具有 n 个像元的高光谱图像 V，其线性混合过程可以描述为

$$V = WH + \varepsilon$$

其中：$W \in \mathbf{R}^{m \times r}$，为含有 r 个端元的光谱库；$H \in \mathbf{R}^{r \times n}$，为各端元在图像中的丰度；$\varepsilon$ 为随机高斯噪声。

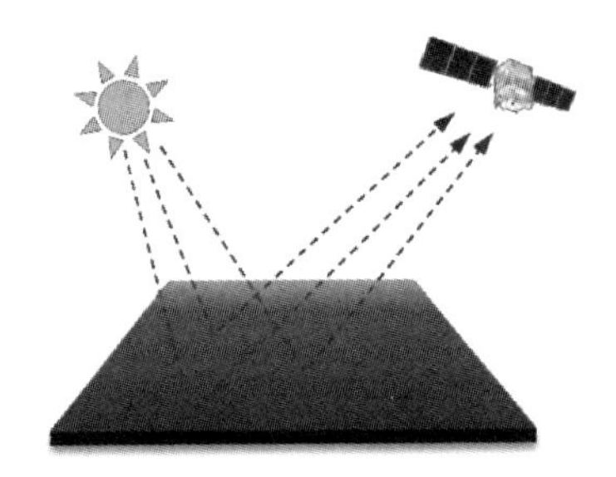

图 1.3　LMM

按照 LMM 的原理，丰度矩阵 $\boldsymbol{H}$ 满足两个约束条件："非负性"约束（Abundance Non-negativity Constraint，ANC），即对于 $\boldsymbol{H} = [h_1, h_2, \cdots, h_r]^{\mathrm{T}}$，有 $h_i \geqslant 0, i = 1, 2, \cdots, r$；"和为一"约束（Abundance Sum-to-one Constraint，ASC），即 $\sum_{i=1}^{r} h_i = 1$。

根据模型设计思路的不同，基于 LMM 的光谱图像解混主要分为：基于几何学的解混方法，将图像中数据看作在具有一定空间结构的散点组合；基于统计学的解混方法，认为数据中光谱特征符合统计学分布。

按照单形体理论，基于几何学的解混方法假设所有像元位于空间的一个单形体中，端元就是单形体的顶点。因此，对于基于几何学的方法，端元提取的目标就是获取单形体的顶点。常用的基于几何学的解混方法包括纯像元指数（Pixel Purity Index，PPI）算法、内部最大体积法（N-FINDR）算法、顶点成分分析（Vertex Component Analysis，VCA）算法、基于三角分解的单形体分析（Simplex Volume Analysis Based on Triangular Factorization，SVATF）以及单形体增长算法（Simplex Growing Algorithm，SGA）等。虽然基于几何学的解混方法简单快捷，但是需要高光谱图像中像元满足纯像元假设。现实中的高光谱遥感图像往往并不存在纯像元，因此基于几何学的方法精度较差，难以应用于实践。

基于统计学的解混方法通过对高光谱数据的统计特性进行分析，把像元解混转换为盲源分离（Blind Source Separation，BSS）问题，不需要高光谱图像满足纯像元假设。其代表性方法有原型分析（Archetypal Analysis，AA）方法、贝叶斯方法（Bayesian Method，BM）、稀疏解混（Sparse Unmixing，SU）方法和非负矩阵分解（Non-negative Matrix Factorization，NMF）方法等。根据矩阵分解理论，在 LMM 下可以将高光谱数据矩阵表达为端元矩阵和丰度矩阵相乘的组合形式，理论性更强，近年来基于 NMF 的无监督解混已成

为像元解混的一个研究热点。由于标准的NMF容易陷入局部最优值，导致解混结果不稳定，许多研究者针对性地提出了基于约束的NMF解混算法。典型算法如基于最小单形体体积约束的非负矩阵分解算法(Minimum Volume Constrained NMF, MVC-NMF)，该算法将最小体积单形体的思想融入NMF中，在标准NMF目标函数中加入由端元所确定的单形体体积的惩罚项，相比NMF算法精度更高；基于空间结构稀疏约束的非负矩阵分解方法(Spatial Group Sparsity Regularized NMF, SGSNMF)，该方法通过简单线性迭代聚类(Simple Linear Iterative Clustering, SLIC)对高光谱图像进行预处理分组；保持固有结构不变的非负矩阵分解方法(Preserving the Intrinsic Structure Invariant NMF, PISINMF)，该方法在对图像内部流形结构进行建模的基础上，引入图正则化项保证内在结构的不变性，提高了丰度估计的精度；基于端元丰度联合稀疏约束的图正则化非负矩阵分解方法(Endmember and Abundance Sparse Constrained Graph Regularized NMF, EAGLNMF)，该方法充分考虑高光图像的空间构成，在图正则化表达图像内部流形结构的基础上，引入端元光谱稀疏约束和丰度矩阵稀疏约束，具有较好的抗噪声效果；基于峰态平滑非负矩阵分解(Kurtosis-Based Smooth NMF, KbSNMF)方法，该方法考虑了端元分布的独立性，通过引入基于概率密度函数的端元约束，提高了端元提取的精度。

2. 基于NMM的解混方法

LMM简化了光线与地物之间的相互作用，可以看作是忽略光线与地物间的复杂非线性作用而得到的一种理想模型，只适用于宏观尺度上水平分布的地物混合。而在微观尺度或具有一定高度差的空间中，由于地物相互混合，光线通常在地物间发生多次散射和折射作用，LMM往往不能准确描述这类复杂的相互作用，因此需要考虑用NMM进行分析。常见的NMM类型包括微观尺度上的紧密混合和具有较大三维几何结构中的高低混合，如图1.4所示。其中紧密混合主要发生在砂地、泥地、矿区、云层以及浅水环境，由于地物粒子紧密地混合在一起，光线被地物粒子吸收或者散射到随机方向，产生非线性混合效应，如图1.4(a)所示。具有较大三维几何结构的混合主要发生在山地、树林等植被覆盖区域和城市建筑区域，光线在不同高度的地物间多次反射或折射，产生非线性混合效应，如图1.4(b)所示。

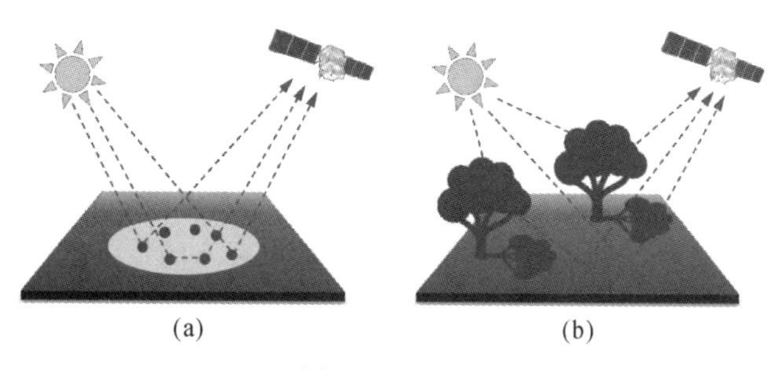

图1.4　NMM

LMM是建立在宏观上的一个假设模型，随着遥感仪器空间分辨率的提高，混合像元的非线性程度也随之增加。近年来基于NMM的像元解混方法也越来越受到国内外学者的重视，相关研究大都基于紧密混合模型(Intimate Mixtures Model, IMM)、双线性模型(Bilinear Mixture Model, BMM)、核函数理论等。

IMM 假设像元内地物紧密结合在一起，地物的尺度远小于光线路径，使得地物间存在复杂的光学作用。Hapke 模型是常见的 IMM 模型之一。林红磊等人根据 Hapke 模型由地物的反射率映射为地物单次散射反照率以构建光谱库，再通过非线性稀疏解混得到地物的丰度。研究表明，相较于基于 LMM 的传统解混方法，基于 Hapke 模型的解混方法在真实高光谱图像中的解混效果更优。

LMM 中假设光线每次只与一类地物发生作用，而 BMM 在此基础之上认为光线和地物间存在多重相互作用，但考虑三次以上作用影响较小而只分析至多两次的相互作用。根据非线性系数和约束的不同，BMM 的典型模型包括 Nascimento 模型、Fan 模型、广义双线性模型（Generalized Bilinear Model, GBM）等。Ding 等人提出的半非负矩阵分解（Semi-NMF）常用于基于 BMM 的有监督非线性解混。区别于 NMF 方法，Semi-NMF 不要求原矩阵具有非负性，并且分解后基矩阵也可以不保持非负性，具有更强的灵活性。对于基于 Semi-NMF 的有监督非线性解混算法，其解混精度受端元提取精度的制约。但对于典型的建立在光谱学方程之上的 NMM，如 Hapke 模型、几何学模型、SAIL 模型等，通常需要对地物的粒子大小、折射散射系数、株密度、叶片透射率等地物信息进行预先获取分析，而这些信息需要进行大量研究而相对难以获取，导致 NMM 难以推广到其他场景之中。而基于核函数理论的解混方法，不需要确定高光谱数据的具体混合模型，而是在核函数张成的核空间上，将非线性数据线性化，再基于传统线性解混方法进行像元解混。传统的基于核函数理论方法都基于单核函数，只能将数据映射到单个特征空间。核函数或者核参数的选择不同都会造成性能变化，所以多数基于单核映射的解混方法存在核函数选择的问题。多核学习（Multiple Kernel Learning, MKL）方法则是通过构建一组基核函数的组合，可以将数据投影到多个特征空间，可以适应更复杂的非线性混合形式，并且通过数据进行优化实现对各基核函数的加权，避免了核函数选择的问题。实验结果表明，基于 MKL 方法的解混精度优于传统单核学习方法。

1.2.2 高光谱图像超分辨率重建

尽管随着卫星以及无人机技术的发展，高光谱数据的获取逐渐变得简单，但是获取的高光谱图像质量仍然无法满足现实应用的需求。图像的获取是其应用的基础，图像的质量将对后续的应用产生较大的影响：高质量的图像能够提供丰富的细节，有助于提高图像应用可靠性；过低的空间分辨率，会使得图像有价值的细节难以发现和识别，对高光谱图像而言，这一问题尤为突出。图像超分辨重建方法，能够有效利用现有的设备以及图像数据，通过利用软件的方式提高图像空间分辨率，能够有效缓解上述问题，在视频监控侦察、医学图像处理、卫星成像等领域具有重要价值。

高光谱图像超分辨重建方法可以分为两大类，分别是基于多图融合方法和基于单幅图像方法。

1. 基于多图融合的高光谱图像超分辨重建

基于多图融合的方法利用传统图像，比如彩色图像或者多光谱图像和高光谱图像间信息互补的特性，即传统图像在空间域的分辨率相对较高，在光谱域的分辨率相对较低；高光谱图像则相反，在空间域的分辨率较低，在光谱域的分辨率较高，通过融合多传感器图像的互补信息、消除冗余信息，预测高分辨率高光谱图像。

早期的高光谱图像超分辨重建，主要是基于高光谱-多光谱（HSI-MSI）的多传感器图像融合的超分辨重建方法，大多是借鉴多光谱全色锐化领域（MSI-PAN）的方法。这类方法利用高分辨率（High-Resolution，HR）的全色图像（PAN）增强 MSI 在空间域的分辨率。但由于 HSI-MSI 的融合问题涉及的光谱信息远远超过 MSI-PAN，致使利用 MSI-PAN 的方法重建的高光谱图像光谱失真较为严重，难以满足预期要求。为保证超分辨重建前后高光谱图像光谱特性的一致性，研究人员提出了更具针对性、更为复杂的方法。根据采用基础理论的不同，这些方法可分为基于模型分解和基于深度学习的方法。

基于模型分解的超分辨重建，包括基于矩阵分解和基于张量分解的超分辨重建方法。基于矩阵分解的超分辨重建，比较典型的有稀疏表示方法和非负矩阵分解方法。稀疏表示方法主要步骤包括：①对低分辨率（Low-Resolution，LR）的高光谱图像进行学习得到光谱字典；②利用 SRF 将学习到的物光谱字典投影到多光谱图像域，并基于投影字典从多光谱图像学习稀疏表示；③最后将学习的光谱字典和稀疏表示重构为高分辨率的图像。非负矩阵分解主要基于 HSI 是端元（Endmember）矩阵和相应的丰度（Abundance）矩阵混合而成的假设，分别从 HSI 和 MSI 中获取端元和丰度信息，实现高分辨率的 HSI-MSI 融合重构。但上述方法在求解过程中将高光谱图像转换成矩阵形式进行处理，破坏了高光谱图像的谱-空结构；另外，这类方法通常需要高分辨率 HSI（HRHSI）和低分辨率 HSI（LRHSI）间的下采样函数（down-sample function）作为先验条件，但因为成像设备差异和复杂成像环境，此函数通常是未知的，难以作为先验信息，这些因素都会对超分辨重建的效果造成影响。基于张量分解的超分辨重建，则是直接将高光谱图像表示成长、宽、波段的模式字典以及系数张量，从而可以利用高光谱图像的谱-空特性，能相对更好解决高光谱和多光谱图像的融合问题，达到较为满意的超分辨重建效果。

传统基于模型分解的超分辨重建方法，效果会受模型表示能力、手工先验局限性等因素的影响。近年来，基于深度学习的数据驱动高光谱图像超分辨重建方法受到关注，并得到了一些较好的应用，有效解决了高光谱和多光谱图像融合问题。如为解决训练数据的问题，假设不同分辨率的图像具有相同的退化模型，对已有的数据进行降采样仿真更低分辨率的图像构成图像对训练网络，网络以拼接的高光谱和多光谱数据为输入进行预测，利用 3D 卷积网络实现了高光谱和多光谱图像的融合。此外，通过优化网络结构，采用编码网络提取空间特征并逐渐减少空间尺寸，在瓶颈层联合低分辨率的高光谱图像，构建多层次、多尺度的融合卷积网络，在此基础上，利用解码网络逐步增强空间分辨率，同层次的跳转连接可以有效利用高分辨率图像的空间结构，使得超分辨重建的 HSI 细节信息更加充分。基于深度学习的超分辨重建方法取得良好的超分辨效果不仅依靠精细的网络设计，还需要足够的数据集对网络进行训练，然而现实场景中，成对的高光谱图像是较为稀少的。针对高光谱图像训练集不易获取的问题，无监督的深度融合网络近年来受到的关注度也较高。网络采用无监督的模式训练，可以有效解决处理真实图像时面临的复杂退化带来的挑战。但不管什么方法，在高光谱图像噪声干扰严重，成像过程中存在光学模糊、运动模糊等情况时，都会影响超分辨重建的效果。

2. 基于单幅高光谱图像的超分辨重建

基于多图融合的超分辨重建需要对图像进行严格配准，而实际应用中获取同一场景下配准的辅助图像往往是困难的。基于单幅图像的超分辨重建方法直接从单幅图像预测高分辨率高光谱图像，避免了对辅助图像的需求。基于单幅图像的超分辨重建方法可分为基于亚像元插值和基于学习的重建方法。

基于亚像元插值的重建方法主要基于图像局部平滑假设，利用插值内核从相邻的像素预测图像丢失的信息，从而生成高分辨率的图像。普遍使用的插值方法有 Lanczos 插值、最近邻插值(Nearest)、双线性插值(bilinear)以及双三次插值(Bicubic)等。此类方法属于全局方法，具有平移不变性的特点，且方法原理简单，具有良好的实时性。但是此类方法不考虑图像间的局部自相似结构，难以处理超分辨重建过程中存在的背景连续与边缘保持的矛盾，因此重构的图像通常存在锯齿效应、振铃效应以及整体过于光滑的现象，现常用作研究比较基准以及实时性要求高而重构质量要求低的工业应用。

基于学习的方法(Learning Based Methods)利用机器学习理论建模 LR 图像与 HR 图像存在的映射关系，利用学习到的映射模型处理新的 LR 图像预测缺失的高频部分，得到重建的 HR 图像。基于学习的方法不仅可以利用低分辨率图像自身的信息，还可以利用样本集的外部知识，从而获得更优的超分辨效果。自然场景的纹理结构千变万化，建立纹理结构的高频和低频信息的映射关系是困难的；然而研究表明，图像的局部区域(图像块)的纹理结构是有限的，而且基础的纹理是重复出现的，能够构成各式各样复杂的图像，因此基于学习的方法核心是构建样本集以及选取学习方法。

根据学习方法的差异以及训练样本的构造方式，目前常用的方法有基于实例的方法、流形学习法(manifold learning)和基于深度学习方法。基于实例的方法样本集由配对的图像块构成，重建过程通过搜索与待处理低分辨图像相近的样本，确定对应的高分辨图像块实现超分辨。样本库的也可以利用高斯金字塔、拉普拉斯金字塔等多分辨率分析的方法建立。基于流形学习的方法选取局部线性嵌入(Locally Linear Embedding，LLE)计算重建图像的权重。基于深度学习的方法通过从模型框架、网络结构以及学习策略等角度进行划分。从模型框架角度，基于深度学习方法可主要分为先上采样以及后上采样方法。网络架构设计是深度网络的重要环节，决定深度网络对低分辨图像和高分辨率图像间映射关系的建模能力，常见的网络架构有线性结构、递归结构、残差结构等等。学习策略包括目标函数的确定、有监督或无监督学习以及数据集预处理方式等等。通过模型框架、网络架构以及训练策略的组合，有研究学者提出不同的超分辨网络模型。总体来说，高光谱图像的超分辨重建是典型的病态问题，分析高光谱图像的谱-空特性，提出有效的网络结构和正则项，能够提高超分辨重建的效果以及泛化能力、另外，训练集的缺乏是有监督和无监督方法共同面对的问题，在数据集充分的基础上，有监督的高光谱图像超分辨重建方法会取得较好的效果，而在训练集样本不足时，应重点关注无监督的高光谱图像超分辨重建方法。

1.3 高光谱图像高精度地物分类技术

随着卫星技术和航空飞行器的发展，高光谱图像的应用范围也越来越大，已应用到许多不同领域，例如农业、环境、地学、测绘、公共安全和军事等。对于数据本身而言，现有许多的应用领域并没有直接的应用需求，更多的是需要一个分析解释过程，将复杂、巨大的高光谱图像数据转化为能够准确表达地表物质性质的“地图”，这一过程被称作高光谱图像的分类。也就是说，正是根据不同地物在不同波段光谱信号下的不同表现，可以对高光谱图像中每个像元分配一个类别标签，将最终得到的分类结果称为分类图。

在众多应用领域中，获取高精确度的分类图是高光谱图像得以应用的关键核心。因此，在最近数十年，越来越多的研究者将研究的重点放到了高光谱图像分类算法相关研究工作中。对于高光谱图像这种在空间、光谱特征存在大量冗余信息且各波段间高相关性的数据而言，常常很难得到很高的分类精度。根据高光谱图像分类所利用的信息类型来看，可以归结为谱分类和谱-空联合分类两大类。前者直接根据高光谱图像中的光谱信息利用分类器对目标像元进行分类。谱分类方法仅仅考虑到了光谱信息，忽略了高光谱图像图谱合一的特性，未能考虑高光谱图像的空间信息。然而谱-空联合分类能充分考虑到这一点，将高光谱图像中的空间信息和光谱信息一起考虑在内，利用分类器对目标像元进行分类。

由于图谱合一以及光谱分辨率高，高光谱图像中包含了更多的地物空谱特征。按照参与分类的特征类型不同，高光谱图像分类可以分为基于光谱特征的分类、基于空间特征的分类以及基于光谱特征和空间特征融合的分类。

1. 基于光谱特征的分类方法

由于每一个像元的光谱曲线反映了地物的光谱信息，根据光谱特征的异同可以实现对像元的区分。基于光谱特征的分类方法可以分为基于光谱匹配的分类和基于光谱特征的分类。基于光谱匹配的分类是将标准光谱库中的地物光谱或实际测量得到的地物光谱作为参考光谱，通过把像元按照参考光谱和地物光谱之间的相似程度进行排序，完成对像元的逐一分类。其中较为常见的方法包括光谱信息散度(Spectral Information Divergence, SID)匹配、光谱相关性匹配(Spectral Correlation Mapper, SCM)、光谱角匹配(Spectral Angle Mapper, SAM)、交叉相关光谱匹配(Cross Correlogram Spectral Matching, CCSM)、光谱相似性尺度匹配(Spectral Similarity Scale, SSS)等。基于光谱特征的分类是先对像元的光谱特征进行提取，再按照特征值的不同进行分类。其中常见的特征提取的方法包括无监督的因子分析(Factor Analysis, FA)、PCA、最大噪声分数(Maximum Noise Fraction, MNF)，以及有监督的线性判别分析(Linear Discriminant Analysis, LDA)等。在实际应用中，由于“同物异谱”和“同谱异物”现象的存在，基于光谱匹配的分类方法往往精度不高。单纯基于光谱特征的分类方法忽略了高光谱图像像元之间的空间关系，容易造成很多离散的像元被错误分类，形成分类结果在空间上不连续的情况，与真实分布不一致，导致分类精度降低。

2. 基于空间特征的分类

基于空间特征的分类就是依靠高光谱图像的空间特征对像元进行分类。常见的高光谱图像的空间特征包括纹理特征、形态特征、马尔可夫随机场等。纹理是地物的视觉特征，可以反映地物间的同质现象。灰度共生矩阵(Gray Level Co-occurrence Matrix，GLCM)是一种典型的纹理特征提取方法，由于纹理的存在，相邻像元间会存在一定的灰度关系，可以反映实际地物间的空间特征；在此基础上，还可以通过高光谱图像聚类，进一步提取图像的纹理细节。数学形态学(Mathematical Morphology)基于格论和拓扑学，利用形态学方法对图像中包含的形状和结构进行分析处理；在高光谱图像处理方面，可以对图像进行 PCA 提取主成分后，再通过膨胀腐蚀操作形成形态轮廓，实现目标空间特征的提取。由于遥感设备精度的制约，高光谱图像往往存在空间分辨率较低的情况，对基于空间特征的分类方法的分类精度造成了影响。随着遥感设备的发展更新，虽然高光谱图像空间分辨率相对有所提升，基于空间特征的分类方法具有了一定的应用场景，但是这种方法仍忽略了高光谱图像光谱分辨率高的优点。

3. 基于光谱特征和空间特征融合的分类

将高光谱图像空间特征引入，可以有效提升分类结果的空间连续性，从而减弱“椒盐现象”，其分类精度优于单纯依靠光谱特征的分类方法。目前，基于光谱特征和空间特征融合的分类方法已经成为高光谱图像地物分类的关注热点。根据处理策略的不同，基于光谱特征和空间特征融合的分类可以分为同步处理策略和后处理策略。其中，同步处理策略是将空、谱特征进行特征融合，同时送入分类器进行优化。后处理策略则是先利用光谱特征进行初分类，在此基础上再利用空间特征进行正则化处理，对分类结果进行重新排列。通常采用聚类、分割、多数投票等方法进行分类结果的后处理。但由于光谱特征和空间特征的引入，导致参与分类的特征维度增加，特征空间结构更加复杂，进而导致分类器设计复杂，计算量大。

基于多核方法的分类方法利用核函数把光谱特征和空间特征映射到不同的核空间中，通过特征融合的方式进行分类。实验证明，选择不同的核函数组成多核函数对光谱特征和空间特征进行融合，可以有效地提升分类精度。典型的方法，如基于与中心像元的相似性，可设计得到高斯低通滤波器和自适应滤波器，通过对邻域内像元加权，在分类结果上优于传统方法；基于多核融合多尺度特征的高光谱图像分类方法，通过一个多尺度滤波器提取出图像的多尺度空间表达特征，并将提取到的不同尺度的特征与不同的基核函数分别进行映射，再输入由多个核矩阵融合学习得到的分类器，最终完成多特征与机器的融合分类，实验结果表明该分类方法能够提高小样本地物的分类精度。

基于深度学习(Deep Learning，DL)的分类方法，能够通过调整网络参数挖掘数据的深度特征进行分类。典型方法，如通过联合稀疏模型对相邻像元进行线性加权，输入栈式自动编码器(Stacked AutoEncoder，SAE)中进行训练，可实现光谱特征和空间特征的融合；通过对波段进行分组，将空间特征划分到不同的波段分组中，再输入深度信念网络(Deep Belief Network，DBN)进行训练，可减少冗余波段对分类精度的影响；基于卷积神经网络(Convolutional Neural Network，CNN)的分类方法，在处理高光谱图像时可以保留图像的局部结构，得到更丰富的数据特征；基于有监督端到端的光谱残差网络(Spectral-Spatial Residual Network, SSRS)方法，通过利用 3D－CNN 连续提取光谱特征和空间特征，可实现谱-空联合的高精度分类。基于深度学习的方法，虽然能够通过网络直接实现高光谱图像光谱特征和空间特征的融合，但是算法训练的时间长，网络训练对数据需求量大，对高光谱图像中的小样本地物进行训练可能产生过拟合问题，但是，随着高光谱数据获取能力的不断增强，数据集制备愈发完善，基于深度学习高光谱图像高精度分类的优势将愈发明显。

1.4 本章小结

近年来，随着遥感信息获取和运用能力的增强、人工智能及信息处理技术的进步，特别是数据驱动的机器学习、深度学习的发展和应用，给该领域带来了巨大的方法论变革和性能提升。机器学习最基本的做法是使用算法来解析数据，从数据中学习到规律，并掌握这种规律，然后对真实世界中的事件做出决策或预测。与传统的为解决特定任务、硬编码的软件程序不同，机器学习的核心是使用大量的数据来训练，通过各种算法从数据中学习如何完成任务，这类方法被称为数据驱动的机器学习方法。以支持向量机为代表的统计机器学习以及当前热门的深度神经网络都属于数据驱动的机器学习范畴。为解决高光谱图像空间分辨率增强和高精度分类问题，本书后续以高光谱图像的像元解混合超分辨重建为基础，以多核学习方法和深度神经网络为基本模型，结合高光谱图像的特点，从图像光谱域和空间域两个方面入手，系统研究数据驱动的高光谱图像像元解混、超分辨重建和分类问题，实现高光谱图像空间分辨率增强以及高精度分类应用。

第 2 章　基于多核投影非负矩阵分解的高光谱图像像元解混

2.1　概　　述

虽然 LMM 相对于 NMM 结构更直观、具有较强的可解释性，但在实际应用中出于地物分布复杂、传感器精度制约等原因，高光谱图像中往往存在非线性混合数据。非负矩阵分解作为一种经典的 LMM 高光谱图像像元解混方法，对非线性混合数据解混精度较差。而核方法、核函数的采用使得线性的 SVM 很容易推广到非线性情形，可以将非线性数据进行映射，线性化后利用非负矩阵分解方法进行解混，可提高对非线性数据的解混能力，但是这种方法存在核函数的选择问题。同时，由于光谱分辨率和特征维度高，高光谱图像相较于传统遥感图像数据量更大，这要求高光谱图像处理方法具有更高的处理效率。而现有的基于非负矩阵分解的高光谱图像像元解混方法存在约束条件多、运算速度慢的问题，难以保证高实时性要求。

多核学习方法是核机器学习领域一个新的研究热点，是解决一些复杂情形下的回归分析和模式分类等问题的有效工具，在模式分析的诸多方面，如时间序列预测、信号和图像的滤波、压缩和超分辨率分析、故障预报、图像处理、目标检测、识别与跟踪、生物信息学等领域得到了广泛应用。对于高光谱图像而言，多核方法具有小样本情形下处理多模态特征的优势，可以更好地融合高光谱图像的空间特征和光谱特征。

基于此，本章引入多核方法，研究一种基于多核投影非负矩阵分解的高光谱图像像元解混方法，通过将非负矩阵分解方法中基矩阵和系数矩阵两个变量转换为用投影矩阵一个变量表示，通过减少求解参数有效提高算法的运行速度。

2.2　非负矩阵分解原理

2.2.1　基本理论

非负矩阵分解（NMF）是一种基分解方法。对于非负矩阵 $\boldsymbol{V} \in \mathbf{R}^{m \times n}$，NMF 旨在寻找到两个非负矩阵 $\boldsymbol{W} \in \mathbf{R}^{m \times r}$ 和 $\boldsymbol{H} \in \mathbf{R}^{r \times n}$，使得

$$\boldsymbol{V} \approx \boldsymbol{W}\boldsymbol{H} \tag{2.1}$$

式中：$\boldsymbol{W}$ 为分解后的基矩阵；$\boldsymbol{H}$ 为系数矩阵；$r<\min(m,n)$。

由式(2.1)可以发现，LMM 的光谱混合过程与 NMF 算法相似，数据均表示为两个非负矩阵的乘积组合。因此，NMF 算法被广泛应用在基于 LMM 的像元解混中。对于式(2.1)，可以通过交替迭代进行求解。Lee 等人提出了基于两种度量形式的 NMF 的乘性迭代算法。其中一种度量形式为基于欧氏距离，其目标函数为

$$f(\boldsymbol{W},\boldsymbol{H}) = \frac{1}{2}\left\| \boldsymbol{V} - \boldsymbol{W}\boldsymbol{H} \right\|_{\mathrm{F}}^{2} \tag{2.2}$$

另一种度量形式基于广义 K-L(Kullbuck-Leibler)散度，其目标函数为

$$f(\boldsymbol{W},\boldsymbol{H}) = \frac{1}{2}\left\| V(\lg\boldsymbol{W}\boldsymbol{H} - \lg\boldsymbol{V} - I) + \boldsymbol{W}\boldsymbol{H} \right\|_{\mathrm{F}}^{2} \tag{2.3}$$

在两种度量形式中，欧氏距离与高光谱图像像元解混的物理意义更相符，在像元解混中应用更为广泛，则可以得到 $\boldsymbol{W}$ 和 $\boldsymbol{H}$ 的迭代公式，

$$\left.\begin{aligned} W_{ij} &\leftarrow W_{ij}\sum_{k}\left[V_{ik}H_{jk}(WH)_{ik}^{-1}\right] \\ H_{ij} &\leftarrow H_{ij}\sum_{k}\left[V_{ik}W_{kj}(WH)_{kj}^{-1}\right] \end{aligned}\right\} \tag{2.4}$$

Lee 等人已证明，在式(2.4)的迭代下，式(2.4)目标函数是单调非增的。

显然，对于 NMF 算法，其所求参数 $\boldsymbol{W}$ 和 $\boldsymbol{H}$ 的个数要大于公式的个数，具有明显的非凸性，存在大量局部最优值，得到的结果不具有唯一性，并导致解混结果精度较低。在实际应用中，为了避免陷入局部最优，得到更好的像元解混结果，通常情况下需要加入很多约束条件。同时，由于 NMF 的计算量较大，迭代收敛速度缓慢，当处理的数据规模较大时，NMF 方法运算效率低。

2.2.2　投影非负矩阵分解及核投影非负矩阵分解

对于 NMF 方法，通常采用式(2.4)将两个变量 $\boldsymbol{W}$ 和 $\boldsymbol{H}$ 以交替迭代的方法进行求解。通过将低维子空间中的基矩阵转置为投影矩阵，研究人员又提出了投影非负矩阵分解(Projective NMF, PNMF)算法。

对于 $m<n$ 的非负矩阵 $\boldsymbol{V}\in\mathbf{R}^{m\times n}$，PNMF 通过将数据投影到一个 l 维的低维子空间，使得使得 $\boldsymbol{H}=\boldsymbol{W}^{\mathrm{T}}\boldsymbol{V}$。则其目标函数为

$$f(\boldsymbol{W}) = \frac{1}{2}\left\| \boldsymbol{V} - \boldsymbol{W}\boldsymbol{W}^{\mathrm{T}}\boldsymbol{V} \right\|_{\mathrm{F}}^{2}$$

式中：基矩阵 $\boldsymbol{W}\geqslant 0$，且满足 $\boldsymbol{W}\boldsymbol{W}^{\mathrm{T}}=\boldsymbol{I}$，使得 PNMF 算法的非负性得到了保持。

相对于 NMF 算法基于欧氏距离的目标函数，PNMF 算法的目标函数只有一个变量 $\boldsymbol{W}$，其对应的系数矩阵可以利用投影矩阵和原数据进行表示，减少了每次迭代的需计算的变量。由于 PNMF 算法假定系数矩阵 $\boldsymbol{H}=\boldsymbol{W}^{\mathrm{T}}\boldsymbol{V}$，使得基矩阵 $\boldsymbol{W}$ 近似正交，能够进行稀疏性表达。相对于 NMF 算法，PNMF 算法的聚类精度有所提高，并且算法效率能够得到有效改善，但 PNMF 算法仍不能解决数据非线性的问题。

利用核函数映射 φ

$$\widetilde{\boldsymbol{V}}=\varphi(\boldsymbol{V})$$

可将原样本空间中的数据 $\boldsymbol{V}$ 映射到核空间 φ,再利用 PNMF 算法进行分解,解决非线性数据问题,提出了核投影非负矩阵分解(Kernel PNMF, KPNMF)。

KPNMF 算法的目标函数可以表示为

$$f(\widetilde{\boldsymbol{W}})=\frac{1}{2}\parallel \widetilde{\boldsymbol{V}}-\widetilde{\boldsymbol{W}}\widetilde{\boldsymbol{W}}^{\mathrm{T}}\widetilde{\boldsymbol{V}}\parallel_{\mathrm{F}}^{2}$$

式中:$\widetilde{\boldsymbol{W}}\in\mathbf{R}^{n\times r}$ 为核空间中的基矩阵。

相对于 PNMF 算法,KPNMF 算法能够更好地处理非线性数据,并且通过非线性映射可以提取更多隐藏在原始数据中的有效特征。但是对于高光谱图像这一类多维度以及数据特征空间分布差异较大的数据集,如何恰当选取核函数,对于 KPNMF 仍是一个问题。

2.2.3 多核非负矩阵分解

为解决非线性数据处理以及核选择问题,可将多核方法引入 NMF 中,构建多核非负矩阵分解(Multiple Kernel NMF, MKNMF)算法。

MKNMF 的目标函数可表示为

$$f(\widetilde{\boldsymbol{W}})=\frac{1}{2}\mathrm{Tr}\left[\sum_{j=1}^{s}\boldsymbol{K}\parallel \boldsymbol{I}-\widetilde{\boldsymbol{W}}\widetilde{\boldsymbol{H}}^{\mathrm{T}}\parallel^{2}\right]$$

式中:$\boldsymbol{K}=\boldsymbol{\varphi}^{\mathrm{T}}(\boldsymbol{V})\varphi(\boldsymbol{V})=\beta_j k_j$ 为对应多核函数;$\widetilde{\boldsymbol{W}}$ 和 $\widetilde{\boldsymbol{H}}$ 为核空间中的基矩阵和系数矩阵,可以通过下式迭代求解:

$$\begin{cases}\widetilde{W}_{ij}\leftarrow\widetilde{W}_{ij}\boldsymbol{K}\widetilde{\boldsymbol{H}}(\boldsymbol{K}\widetilde{\boldsymbol{W}}\widetilde{\boldsymbol{H}}^{\mathrm{T}}\widetilde{\boldsymbol{H}})^{-1}\\ \widetilde{H}_{ij}\leftarrow\widetilde{H}_{ij}\boldsymbol{K}\widetilde{\boldsymbol{W}}(\widetilde{\boldsymbol{H}}\widetilde{\boldsymbol{W}}^{\mathrm{T}}\boldsymbol{K}\widetilde{\boldsymbol{W}})^{-1}\end{cases}$$

2.3 多核投影 NMF 的算法优化及像元解混方法

2.3.1 端元初始化

常用的判定端元个数的方法包括 PCA、虚拟维数、最小噪声分离变换、最小误差信号子空间识别以及特征值似然最大法等。

选用 PCA 方法进行端元个数判定。通过 PCA 方法对数据进行线性变换,变换后各特征向量间彼此不相关。按照方差贡献率将特征值从大到小进行排序。显然,对于累计方差贡献率 $\rho\in(0,1)$,一定存在一个 $0<k\leqslant L$,使得

$$\sum_{j=1}^{k-1}\rho_i<\rho\leqslant\sum_{j=1}^{k}\rho_i$$

即可以找到前 k 个端元,使得其能够包含该高光谱图像的特征比例不小于 ρ,则 k 为所确定的端元个数。

端元个数确定后，还需要对端元矩阵 $\boldsymbol{W}$ 赋初值。通常情况下，对于 NMF 算法只需要将矩阵随机初始化为(0,1)即可。但是为了提高端元提取精度和迭代效率，本章通过 VCA 方法提取的端元作为初始化后的端元矩阵。VCA 以 LMM 为基础，在几何空间中反复寻找与已提取端元相正交的单位向量，通过将数据投影到该单位向量之上得到新的端元。VCA 端元提取的过程如图 2.1 所示。

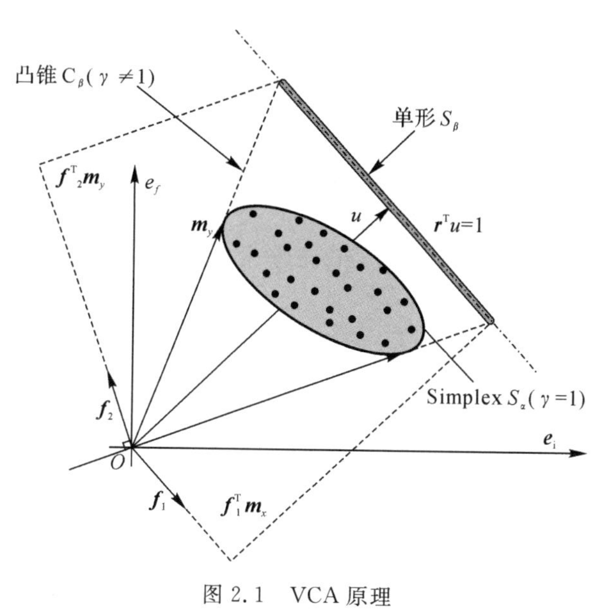

图 2.1　VCA 原理

2.3.2　多核投影 NMF 算法优化

为解决核函数选择问题，可以进行如下变换：

$$
\begin{aligned}
f(\widetilde{\boldsymbol{W}}) &= \frac{1}{2}\|\widetilde{\boldsymbol{V}}-\widetilde{\boldsymbol{W}}\widetilde{\boldsymbol{W}}^{\mathrm{T}}\widetilde{\boldsymbol{V}}\|_{\mathrm{F}}^{2} \\
&= \frac{1}{2}\|\widetilde{\boldsymbol{V}}(\boldsymbol{I}-\widetilde{\boldsymbol{W}}\widetilde{\boldsymbol{W}}^{\mathrm{T}})\|_{\mathrm{F}}^{2} \\
&= \frac{1}{2}\mathrm{Tr}[\varphi(\boldsymbol{V})^{\mathrm{T}}\varphi(\boldsymbol{V})(\boldsymbol{I}-\widetilde{\boldsymbol{W}}\widetilde{\boldsymbol{W}}^{\mathrm{T}})(\boldsymbol{I}-\widetilde{\boldsymbol{W}}\widetilde{\boldsymbol{W}}^{\mathrm{T}})^{\mathrm{T}}]
\end{aligned}
$$

定义多核函数 $K=\sum_{j=1}^{m}\beta_j k_j=\varphi(\boldsymbol{V})^{\mathrm{T}}\varphi(\boldsymbol{V})$，其中 $\beta_j\geqslant 0$ 且 $\sum_{j=1}^{m}\beta_j=1$，则 MKPNMF 方法的目标函数可以表示为

$$
\begin{aligned}
f(W) &= \frac{1}{2}\mathrm{Tr}[\boldsymbol{K}(\boldsymbol{I}-\widetilde{\boldsymbol{W}}\widetilde{\boldsymbol{W}}^{\mathrm{T}})(\boldsymbol{I}-\widetilde{\boldsymbol{W}}\widetilde{\boldsymbol{W}}^{T})^{\mathrm{T}}] \\
&= \frac{1}{2}\mathrm{Tr}\left[\sum_{j=1}^{s}\beta_j k_j(\boldsymbol{I}-\widetilde{\boldsymbol{W}}\widetilde{\boldsymbol{W}}^{\mathrm{T}})(\boldsymbol{I}-\widetilde{\boldsymbol{W}}\widetilde{\boldsymbol{W}}^{T})^{\mathrm{T}}\right] \\
&= \frac{1}{2}\sum_{j=1}^{s}\beta_j\,\mathrm{Tr}[k_j(\boldsymbol{I}-\widetilde{\boldsymbol{W}}\widetilde{\boldsymbol{W}}^{T})(\boldsymbol{I}-\widetilde{\boldsymbol{W}}\widetilde{\boldsymbol{W}}^{\mathrm{T}})^{\mathrm{T}}]
\end{aligned}
$$

通过交替优化的方法，可以对$\boldsymbol{\beta}=[\beta_1,\beta_2,\cdots,\beta_s]$和$\widetilde{\boldsymbol{W}}$进行求解。

首先，固定$\widetilde{\boldsymbol{W}}$，则$r_j=\mathrm{Tr}[k_j(\boldsymbol{I}-\widetilde{\boldsymbol{W}}\widetilde{\boldsymbol{W}}^{\mathrm{T}})(\boldsymbol{I}-\widetilde{\boldsymbol{W}}\widetilde{\boldsymbol{W}}^{\mathrm{T}})^{\mathrm{T}}]$可以看作常数值。上式可以优化为

$$f(\boldsymbol{W})=\frac{1}{2}\beta\boldsymbol{R}^{\mathrm{T}}$$

式中：$\boldsymbol{R}=[r_1,r_2,\cdots,r_s]^{\mathrm{T}}$。

利用线性规划可以对合成核函数的β进行求解。

然后，在求得合成核函数权系数β的基础上对W进行求解。

$$\begin{aligned}f(\boldsymbol{W})&=\frac{1}{2}\mathrm{Tr}[\boldsymbol{K}(\boldsymbol{I}-\widetilde{\boldsymbol{W}}\widetilde{\boldsymbol{W}}^{\mathrm{T}})(\boldsymbol{I}-\widetilde{\boldsymbol{W}}\widetilde{\boldsymbol{W}}^{\mathrm{T}})^{\mathrm{T}}]\\&=\frac{1}{2}\{\mathrm{Tr}[\boldsymbol{K}-2\widetilde{\boldsymbol{W}}\widetilde{\boldsymbol{W}}^{\mathrm{T}}K+\widetilde{\boldsymbol{W}}\widetilde{\boldsymbol{W}}^{\mathrm{T}}\widetilde{\boldsymbol{W}}\widetilde{\boldsymbol{W}}^{\mathrm{T}}\boldsymbol{K}]\}\\&=\frac{1}{2}\{\mathrm{Tr}(\boldsymbol{K})-2\mathrm{Tr}(\widetilde{\boldsymbol{W}}\widetilde{\boldsymbol{W}}^{\mathrm{T}}\boldsymbol{K})+\mathrm{Tr}(\widetilde{\boldsymbol{W}}\widetilde{\boldsymbol{W}}^{\mathrm{T}}\widetilde{\boldsymbol{W}}\widetilde{\boldsymbol{W}}^{\mathrm{T}}\boldsymbol{K})\}\end{aligned}$$

由于$\widetilde{\boldsymbol{W}}$需满足非负性条件，即$\widetilde{\boldsymbol{W}}\geqslant 0$。为求解这类不等式约束，引入拉格朗日算子，则

$$G=\mathrm{Tr}(\boldsymbol{K})-2\mathrm{Tr}(\widetilde{\boldsymbol{W}}\widetilde{\boldsymbol{W}}^{\mathrm{T}}\boldsymbol{K})+\mathrm{Tr}(\widetilde{\boldsymbol{W}}\widetilde{\boldsymbol{W}}^{\mathrm{T}}\widetilde{\boldsymbol{W}}\widetilde{\boldsymbol{W}}^{\mathrm{T}}\boldsymbol{K})+\mathrm{Tr}(\lambda\widetilde{\boldsymbol{W}}^{\mathrm{T}})$$

式中：$\lambda=(\lambda_{ij})$，λ_{ij}为约束$\widetilde{W}_{ij}\geqslant 0$的拉格朗日乘子。两端同时对$\widetilde{\boldsymbol{W}}$求导可得

$$\frac{\partial G}{\partial \boldsymbol{W}}=-4\boldsymbol{K}\widetilde{\boldsymbol{W}}+2(\widetilde{\boldsymbol{W}}\widetilde{\boldsymbol{W}}^{\mathrm{T}}\boldsymbol{K}\widetilde{\boldsymbol{W}}+\boldsymbol{K}\widetilde{\boldsymbol{W}}\widetilde{\boldsymbol{W}}^{\mathrm{T}}\widetilde{\boldsymbol{W}})+\lambda=0$$

由卡罗什-库恩-塔克（Karush-Kuhn-Tucker，KKT）条件，$\lambda_{ij}\widetilde{W}_{ij}=0$，等式两边同乘$\widetilde{W}_{ij}$，得

$$2(\boldsymbol{K}\widetilde{\boldsymbol{W}})_{ij}\widetilde{W}_{ij}-(\widetilde{\boldsymbol{W}}\widetilde{\boldsymbol{W}}^{\mathrm{T}}\boldsymbol{K}\widetilde{\boldsymbol{W}}+\boldsymbol{K}\widetilde{\boldsymbol{W}}\widetilde{\boldsymbol{W}}^{\mathrm{T}}\widetilde{\boldsymbol{W}})_{ij}\widetilde{W}_{ij}=0$$

则$\widetilde{\boldsymbol{W}}$可由以下公式进行迭代：

$$\widetilde{W}_{ij}\leftarrow\frac{2\boldsymbol{K}\widetilde{\boldsymbol{W}}}{\widetilde{\boldsymbol{W}}\widetilde{\boldsymbol{W}}^{\mathrm{T}}\boldsymbol{K}\widetilde{\boldsymbol{W}}+\boldsymbol{K}\widetilde{\boldsymbol{W}}\widetilde{\boldsymbol{W}}^{\mathrm{T}}\widetilde{\boldsymbol{W}}}\widetilde{W}_{ij}$$

当$\|\widetilde{\boldsymbol{V}}-\widetilde{\boldsymbol{W}}\widetilde{\boldsymbol{W}}^{\mathrm{T}}\widetilde{\boldsymbol{V}}\|\leqslant\varepsilon$时，完成迭代。$\varepsilon$为设定的阈值。

将 MKPNMF 算法应用于高光谱像元解混中时，需要对丰度进行估计，由投影矩阵定义，丰度矩阵可表示为

$$\widetilde{\boldsymbol{H}}=\widetilde{\boldsymbol{W}}^{\mathrm{T}}\widetilde{\boldsymbol{V}}$$

2.4 基于多核投影 NMF 的高光谱像元解混算法

通过运用多核投影非负矩阵分解，提出了基于 MKPNMF 的高光谱像元解混算法。算法伪代码见表 2.1。

表 2.1　MKPNMF 算法伪代码

输入：$\boldsymbol{V}\in\mathbf{R}^{n\times m}$，参数 ρ，$\boldsymbol{k}=[k_1,k_2,\cdots,k_s]$，最大迭代次数 maxiter 输出：$\boldsymbol{W},\boldsymbol{H}$
① 使用 PCA 确定端元个数 k。 ② 使用 VCA 初始化端元矩阵$\boldsymbol{W}$。 ③初始化 $\boldsymbol{\beta}=[\beta_1,\beta_2,\cdots,\beta_s]$，其中 $\beta_i=\frac{1}{s}$。 ④ $t=1$ 到 $t=$maxiter，重复步骤(a)至(c)： (a)由式 $f(\boldsymbol{W})=\frac{1}{2}\boldsymbol{\beta}\boldsymbol{R}^{\mathrm{T}}$，更新 $\boldsymbol{K}$。 (b)由式 $\widetilde{W}_{ij}\leftarrow\frac{2\boldsymbol{K}\widetilde{\boldsymbol{W}}}{\widetilde{\boldsymbol{W}}\widetilde{\boldsymbol{W}}^{\mathrm{T}}\boldsymbol{K}\widetilde{\boldsymbol{W}}+\boldsymbol{K}\widetilde{\boldsymbol{W}}\widetilde{\boldsymbol{W}}^{\mathrm{T}}\widetilde{\boldsymbol{W}}}\widetilde{W}_{ij}$，更新 $\widetilde{W}$。 (c)如果 $\Vert\hat{\boldsymbol{V}}-\widetilde{\boldsymbol{W}}\widetilde{\boldsymbol{W}}^{\mathrm{T}}\hat{\boldsymbol{V}}\Vert\leqslant\varepsilon$，退出循环。 ⑤ 由$\widetilde{\boldsymbol{H}}=\widetilde{\boldsymbol{W}}^{\mathrm{T}}\hat{\boldsymbol{V}}$ 求解$\widetilde{\boldsymbol{H}}$。

由于在每一次迭代过程中，除了核函数 $\boldsymbol{K}$ 之外，本算法只需要对投影矩阵 $\boldsymbol{W}$ 进行求解，同样采用 MKL 方法的 MKNMF 算法还需要对基矩阵 $\boldsymbol{W}$ 和系数矩阵 $\boldsymbol{H}$ 两个变量进行迭代。因此本算法在每次迭代过程中的计算量更小，相较于 MKNMF 算法迭代速度更快，具有更好的时间性能。

2.5　实验验证及结果分析

2.5.1　评价标准

通过将解混后得到的端元光谱以及丰度图与参考值相对比，对算法的解混精度进行评估。

采用光谱角距离(Spectral Angel Distance, SAD)对端元提取结果进行评价。SAD 用于衡量解混后提取的端元与参考端元之间的差异大小，SAD 值越小则说明算法解混得到的光谱与参考地物光谱的差距越小。

采用均方根误差(Root Mean Square Error, RMSE)对丰度估计结果进行评价。RMSE 用于度量解混后得到的丰度与地物参考丰度之间的差异大小，RMSE 值越小则反映算法解混得到的地物丰度越接近参考地物丰度。

对于算法的时间性能，在同一计算机硬件配置的条件下，对相同数据集经算法得到预期实验结果所需要的运行时间作为算法的评价指标。对于同一数据集，算法的运行时间越短，反映算法在该数据集上具有越好的时间性能。为保证实验结果的可靠性，每个算法都进行 10 次计算，取其平均值进行评价。

2.5.2 模拟数据集

为了对比不同尺寸高光谱图像下算法像元解混的运行时间，设置图像大小分别为 65×65、130×130、195×195、260×260 以及 325×325 的模拟数据集。该模拟数据集是从美国地质勘探局(United States Geological Survey，USGS)发布的第 7 版光谱库 splib07a 中选择一部分光谱合成模拟得到的高光谱图像。首先从 splib07a 中 AVIRIS 1995 光谱库抽取所有矿物质的光谱特征，去除受干扰严重的光谱特征后形成实验光谱库。然后从实验光谱库中，随机抽取 6 种端元作为实验端元，其光谱曲线如图 2.2 所示。最后，基于 LMM 利用实验端元合成模拟高光谱图像。

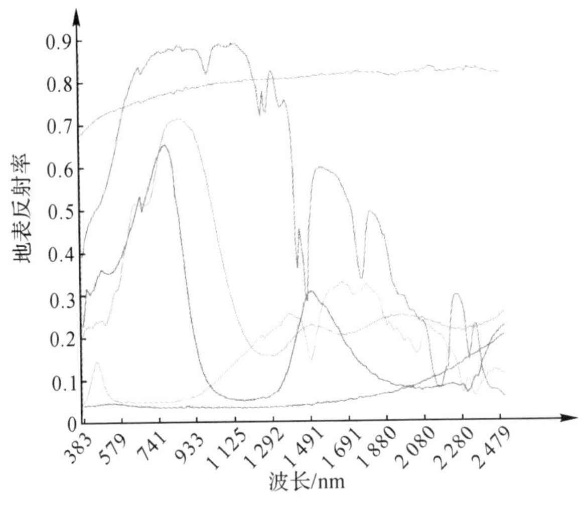

图 2.2 实验端元光谱曲线

模拟数据集中端元光谱包括 224 个波段，满足 ANC 和 ASC 约束条件，模拟高光谱图像包括 6 个端元光谱按不同比例混合的 36 个像元方块，图 2.3 为各端元所对应的丰度图。其中，第一行的 6 个方块为纯像元区域，每个方块对应区域只包括 1 个端元。第二行至第六行为混合像元区域，由 2～6 个数目不等的端元等比进行混合。背景区域由 6 个端元按随机比例进行混合。为模拟传感器采集过程中引入的噪声以及其他随机误差，为合成的模拟高光谱图像添加信噪比(Signal to Noise Ratio，SNR)为 40 dB 的独立同分布(Independently Identically Distribution，IID)的高斯白噪声。

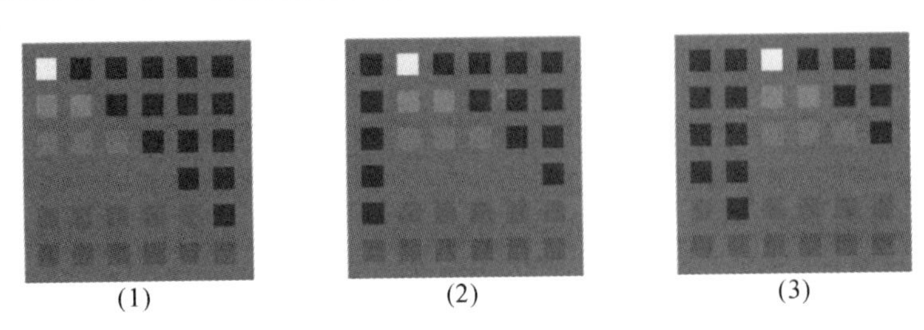

图 2.3 模拟数据集各端元对应丰度图示例

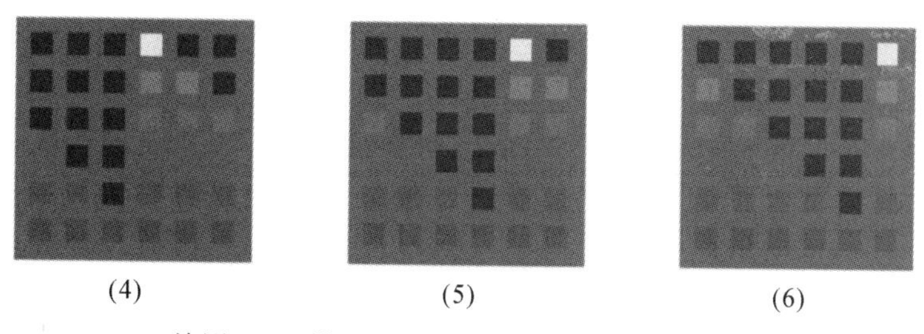

续图 2.3　模拟数据集各端元对应丰度图示例

图 2.4 为不同尺寸下进行像元解混的运行时间对比。从图中可以看出，传统的 NMF 算法对于不同尺寸的高光谱图像进行解混所需时间均为最短，采用了 MKL 算法或者添加约束条件后，算法运行时间均有不同程度的增加。在五个不同尺寸的模拟数据集下，本章研究的算法的运行时间都仅次于 NMF 算法，相对于 MVCNMF 以及 MKNMF 算法，时间性能更优。同时，随着模拟数据集尺寸的增大，本章研究的方法同 NMF 算法在运行时间上的差距随之减小，表明本算法对于更大尺寸的数据集在时间性能上更优。

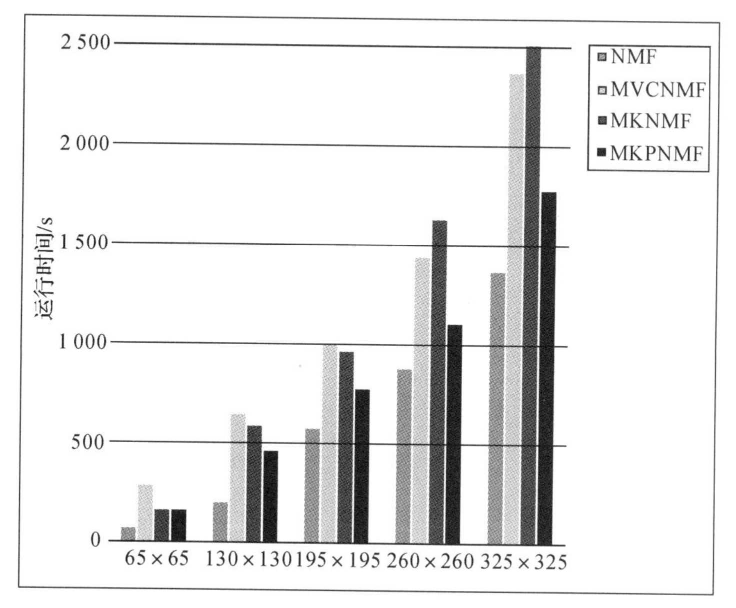

图 2.4　模拟数据集不同尺寸下像元解混运行时间

通过添加约束或引入 MKL 算法，MVCNMF、MKNMF 与 MKPNMF 算法解混后各端元的 SAD 值以及 SAD 均值相较于 NMF 算法均有明显提高，端元提取精度更高。同时，由于都采用了 MKL 算法以及相同的核函数，两种算法得到的 SAD、RMSE 值相近，表明两种算法得到的解混精度相近。对于算法的运行时间，虽然采用了 MKL 的本算法相较于 NMF 算法增加了 35.96%，但是较于 MKNMF 算法增加 68.45%、MVCNMF 算法增加76.08%，运行时间的增幅更小。说明本算法能够在提高解混精度的同时，具有更好的时间性能。

为考察算法对不同信噪比高光谱图像解混效果，合成图像大小为 100×100 的模拟数据集 2。从实验光谱库中随机抽取 9 种端元作为实验光谱，端元对应的丰度图由 k-means 聚类和一个满足非负约束的高斯滤波器生成，如图 2.5 所示，每种端元仅包含一个纯像元区域。

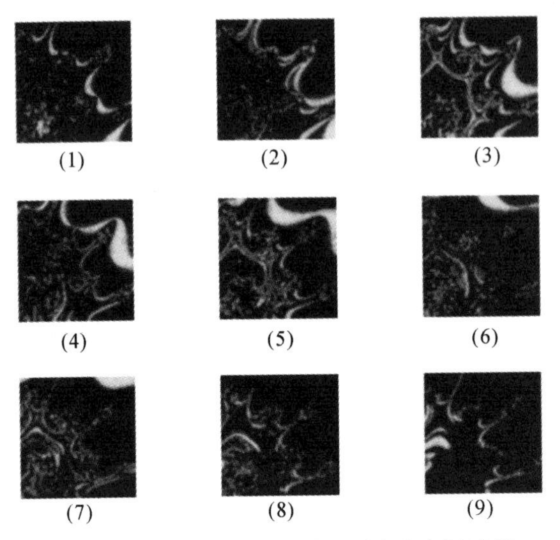

图 2.5 模拟数据集 2 各端元对应丰度图示例

图 2.6 展示了 SNR 为 10 dB、20 dB、30 dB、40 dB、50 dB 和 60 dB 时，4 种算法在模拟数据集 2 的 SAD 值变化。总体上看，随着 SNR 的增大，模拟数据集 2 中噪声逐渐降低，4 种算法的解混效果都随之提高。其中，由于存在局部极值问题，NMF 算法在 SNR 较大时解混精度较低。而 MKPNMF 算法的 SAD 值均优于 NMF 算法，与 MVCNMF 算法以及 MKNMF 算法接近，表明引入 MKL 算法可以保证在噪声影响较大的情况下，仍然具有较高的解混精度。

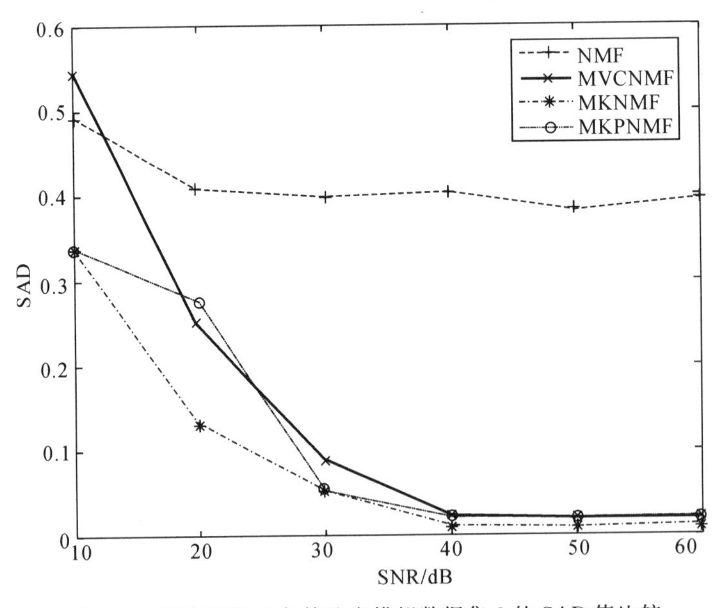

图 2.6 不同 SNR 下各算法在模拟数据集 2 的 SAD 值比较

2.5.3　真实数据集实验

为验证本算法的解混效果和运行效率，继续使用 Cuprite 数据集进行解混。Cuprite 数据集由 AVIRIS 采集，包含 250×190 个像元。波段覆盖范围从 370 nm 到 2480 nm，被划分为 224 个波段。剔除受噪声影响的第 1 至 2、第 221 至 223 波段，以及水汽影响的第 104 至 113、第 148 至 167 波段后，保留 188 个波段数据用于实验。Cuprite 区域有 14 种矿物质，考虑到相似矿物质的存在，选取包括明矾石（Alunite）、蓝线石（Dumortierite）、绿脱石（Nontronite）、玉髓（Chalcedony）等 12 类地物进行分析。图 2.7 为随机抽取波段合成的 Cuprite 数据集伪彩色图。图 2.8 为 NMF、MVCNMF、MKNMF 以及本章提出的算法在内的 4 种算法对 Cuprite 数据集解混后得到的其中 4 种端元的光谱曲线与参考端元光谱曲线的比较，其中端元依次代表 Alunite、Andradite、Buddingtonite、Dumortierite 等地物。

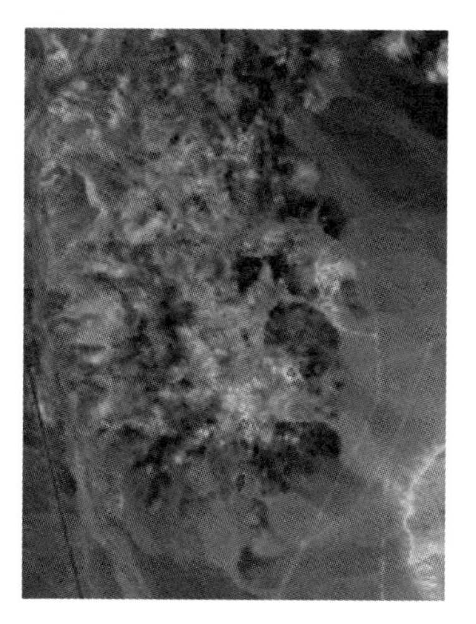

图 2.7　Cuprite 数据集伪彩色图

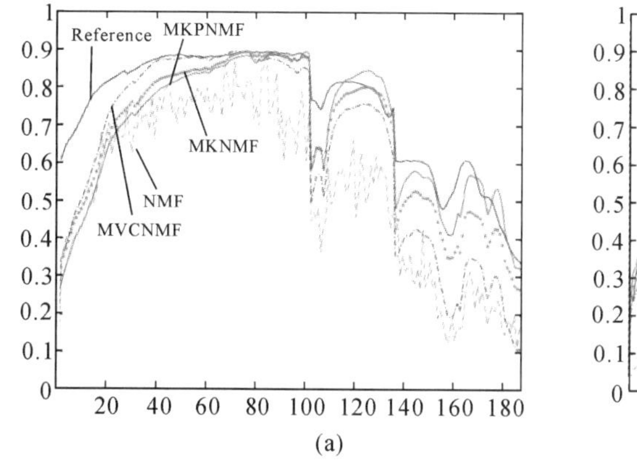

(a)

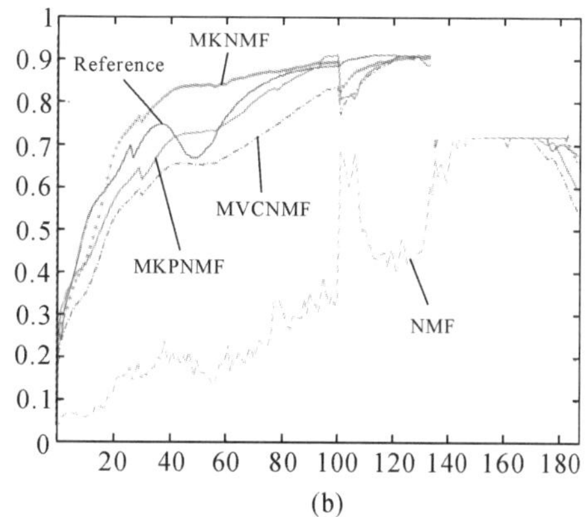

(b)

图 2.8　Cuprite 数据集端元光谱图

(a) Alunite；(b) Andradite

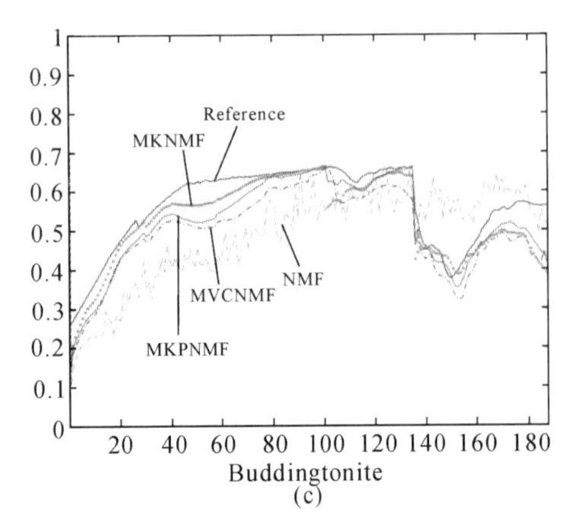

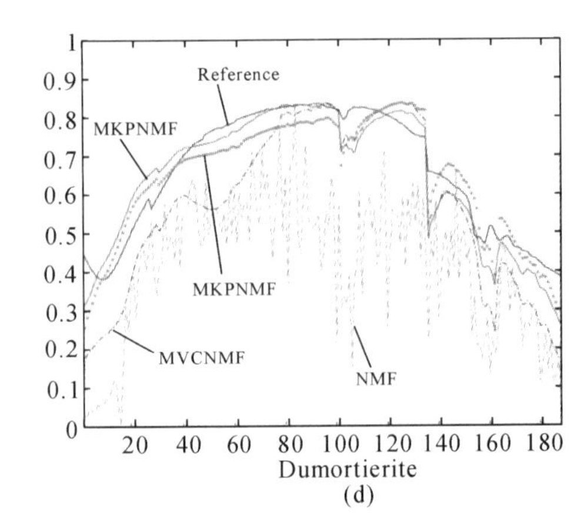

续图 2.8　Cuprite 数据集端元光谱图

(c) Buddingtonite；(d) Dumortierite

从图中可以看出，由于光谱变异性以及解混精度的制约，4 种算法解混得到的端元光谱与参考光谱间存在不同程度的误差。其中，对于普通 NMF 算法，由于未添加约束条件以及对端元矩阵进行随机初始化，造成分解后得到的端元算光谱曲线平滑性和连续性差，与参考值差距较大。通过添加约束条件或采用 VCA 算法进行端元初始化，MVCNMF、MKNMF 以及本章算法的端元提取效果较好。

表 2.2 为 Cuprite 地区高光谱数据实验所得结果，对于每项的最优值进行了加粗表示。该表显示，对于 Cuprite 数据集，MKPNMF 算法在 Sphene 和 Chalcedony 两类地物上的 SAD 值为最优，且其余地物的 SAD 值均优于普通 NMF 算法，表明对于真实高光谱图像，利用 MKL 算法可以提高端元提取精度。虽然 MKPNMF 算法的 SAD 均值比 MVCNMF 算法及 MKNMF 算法大，但差值较小，且运行时间显著低于另外两种方法。

从 Cuprite 地区高光谱数据实验所得结果可以看出，MKPNMF 算法在 Sphene 和 Chalcedony 两类地物上的 SAD 值为最优，且其余地物的 SAD 值均优于普通 NMF 算法，表明对于真实高光谱图像，利用 MKL 算法可以提高端元提取精度。虽然 MKPNMF 算法的 SAD 均值比 MVCNMF 算法及 MKNMF 算法大，但差值较小，且运行时间显著低于另外两种方法。

表 2.2　Cuprite 数据集解混结果及算法运行时间

	Class	NMF	MVCNMF	MKNMF	MKPNMF
SAD	Alunite	0.213 0	**0.085 7**	0.134 3	0.202 9
	Andradite	0.505 7	0.104 6	**0.076 3**	0.079 6
	Buddingtonite	1.283 5	0.124 8	0.078 6	0.137 5
	Dumortierite	0.270 1	**0.079 9**	0.098 0	0.269 4
	Kaolinite_1	0.296 1	0.080 2	**0.069 5**	0.138 0
	Kaolinite_2	0.335 0	**0.060 5**	0.066 9	0.080 2
	Muscovite	0.379 2	0.195 9	**0.154 3**	0.323 3
	Montmorillonite	0.399 4	**0.060 5**	0.074 3	0.098 7

续表

	Class	NMF	MVCNMF	MKNMF	MKPNMF
SAD	Nontronite	0.360 4	**0.072 2**	0.105 9	0.098 2
	Pyrope	0.382 5	**0.046 5**	0.069 0	0.070 9
	Sphene	0.281 2	0.223 0	0.067 6	**0.059 2**
	Chalcedony	0.431 7	0.083 4	0.265 2	**0.0687**
	Average	0.428 1	**0.101 4**	0.105 0	0.135 5
	Time/s	**1 146.18**	2 253.30	2 531.22	1 422.30

Urban 数据集由 AVIRIS 采集，图像中包含 307×307 个像元，其中像元对应区域地面分辨率为 2 m。波段覆盖范围为 400～2 500 nm，被划分为 210 个波段，每个波段采样间隔为 10 nm。移除受密集水蒸气和大气效应影响的第 1 至 4、第 76、第 87、第 101 至 111、第 136 至 153 以及第 198 至 210 波段后，保留 162 个波段数据用于实验。在这个区域中主要包括沥青路面(Asphalt Road)、草地(Grass)、树木(Tree)、屋顶(Roof)、金属(Metal)、泥土(Dirt)六类地物。图 2.9 为随机抽取波段合成的 Urban 数据集伪彩色图。

图 2.9　Urban 数据集伪彩色图

图 2.10 为 NMF 算法、MVCNMF 算法、MKNMF 算法和本算法(MKPNMF 算法)对 Urban 数据集解混后所得到的丰度图及其参考丰度图的比较。对其中第 1 行为参考真实地物的丰度图，第 2 至 5 行依次对应 NMF 算法、MVCNMF 算法、MKNMF 算法和本算法解混后的丰度图。图中第 1 至 6 列依次对应沥青路面、草地、树木、屋顶、金属、泥土六类端元的丰度图。从图中可以看出，MVCNMF 算法对沥青路面、草地、泥土三类地物的丰度估计较差，而 MKNMF 算法与本算法能够有效地对六种地物进行分离，表明通过核映射能够有

效改善丰度估计效果。

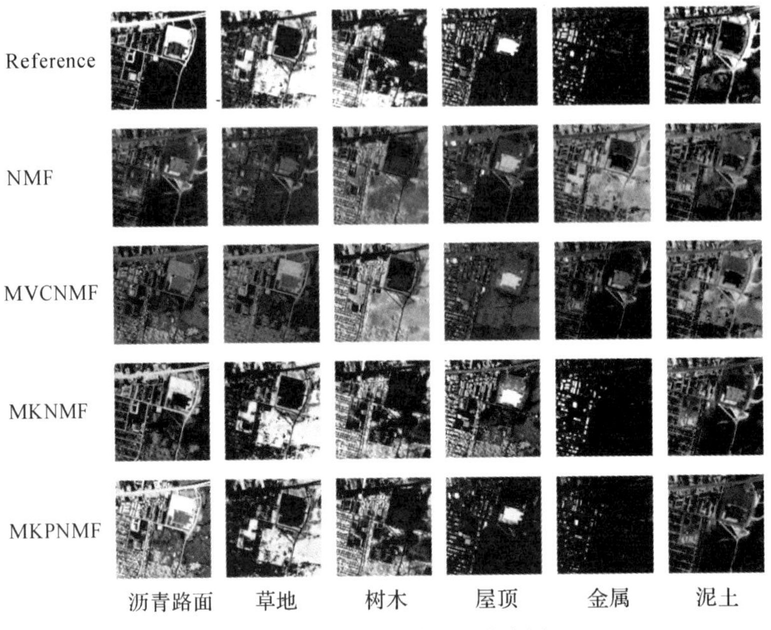

图 2.10　Urban 图像解混丰度图

表 2.3 为 Urban 地区高光谱数据实验所得结果，对于每项的最优值进行了加粗表示。在解混精度上，本算法对于草地和泥土两类地物上 SAD 为最优，其余地物 SAD 值与解混效果较好的 MKNMF 算法接近，表明本算法能够对真实数据集进行有效解混，且精度较高。从算法效率角度进行比较，虽然本算法在运行时间上相较于 NMF 算法增加了 12.53%，但解混精度相近的 MVCNMF 及 MKNMF 算法分别增加 43.77%和 57.08%，本算法的运行时间更短，时间性能更好。从解混精度和时间性能综合比较，真实数据实验验证了模拟数据实验结果，表明本算法能够相较于 NMF 算法显著提高对高光谱图像的解混精度，并且相对于其他两种方法具有更好的时间性能。

表 2.3　Urban 数据集的解混结果及算法运行时间

Class		NMF	MVCNMF	MKNMF	MKPNMF
SAD	Asphalt Road	0.539 9	**0.192 5**	0.235 6	0.335 9
	Grass	0.229 1	0.305 8	0.204 7	**0.196 5**
	Tree	0.257 3	0.138 4	**0.097 5**	0.106 1
	Roof	0.487 6	0.108 2	**0.035 0**	0.154 5
	Metal	**0.539 1**	0.650 3	0.684 0	0.664 0
	Dirt	0.431 2	0.809 0	0.043 7	**0.041 4**
	Average	0.414 1	0.367 4	**0.216 8**	0.249 7
RMSE		2.582 8	1.740 2	**1.391 6**	1.406 0
时间/s		**941.09**	13 53.05	14 78.22	10 59.02

2.6 本章小结

针对 NMF 在高光谱图像像元解混中约束条件多、效率较低的问题，本章提出了一种基于多核投影 NMF 的像元解混方法，在利用 PCA 和 VCA 进行端元矩阵初始化的基础上，通过多核方法实现数据的高精度线性化分，并在高维特征空间用投影矩阵对 NMF 中的基矩阵和系数矩阵进行表示。这样一方面解决了核函数选择问题，另一方面通过减少迭代过程中的变量数量，提高算法运行效率。从实验结果可以看出，本章算法能够在保证算法解混精度的同时，具有更优的时间性能。

第 3 章　基于图正则化稀疏约束的高光谱图像像元解混

3.1　概　　述

对于 NMF 方法，其求解过程是通过交替迭代求解目标函数的最小值，但高度非凸的目标函数使得其求解过程中存在大量局部最优。同时对于 $\boldsymbol{V}=\boldsymbol{W}\boldsymbol{H}$，假设非负矩阵 $\boldsymbol{D}$ 是可逆的，显然可使 $\boldsymbol{W}\boldsymbol{H}=\boldsymbol{W}\boldsymbol{D}\boldsymbol{D}^{-1}\boldsymbol{H}$ 成立，产生多对不唯一的解($\boldsymbol{W}\boldsymbol{D}$)和($\boldsymbol{D}^{-1}\boldsymbol{H}$)。因此，很难通过无约束的 NMF 方法分解得到全局最优解。除此之外，对于任意的非负数据，都可以把它看作是两个非负矩阵的线性组合，利用 NMF 方法进行分解。这也导致在利用 NMF 方法对高光谱图像进行解混时，忽略了高光谱图像的内在特性，造成在实际应用时解混精度不高。为了提高 NMF 方法在高光谱图像像元解混时的精度，通常需要添加约束项，防止 NMF 方法陷入不恰当的局部最小值。本章从像元间的空间结构关系角度出发，提出了一种基于多核图正则化稀疏约束 NMF(Multiple Kernel Graph Regularized $L_{1/2}$ NMF, MKGLNMF)的高光谱图像像元解混方法。通过引入图正则项实现对高光谱图像内部流形结构的表达，在丰度上添加稀疏约束，实现对高光谱图像元像解混精度的有效提高。

3.2　图正则化和丰度稀疏约束

3.2.1　图正则化非负矩阵分解

图正则化非负矩阵分解(Graph regularized NMF, GNMF)基于流形假设，通过构造最近邻图的方法，将相邻像元之间的空间结构关系引入约束条件。对于相邻像元 v_i 和 v_j，如果它们对应的是同一类地物，那么这两个像元将具有相近的光谱曲线，其丰度值 h_i 和 h_j 在矩阵分解后子空间上的投影应该也是相近的。对于高光谱数据 $\boldsymbol{V}=[v_1,v_2,\cdots,v_m]\in\mathbf{R}^{n\times m}$，用全部像元构造权值矩阵 $\boldsymbol{\Omega}$，通过最近邻图表示图像内部流形结构。GNMF 的目标函数表示为

$$f(\boldsymbol{W},\boldsymbol{H})=\frac{1}{2}\parallel \boldsymbol{V}-\boldsymbol{W}\boldsymbol{H}\parallel_F^2+\frac{\mu}{2}\mathrm{Tr}(\boldsymbol{H}\boldsymbol{L}\boldsymbol{H}^{\mathrm{T}})$$

式中：μ 为控制数据间平滑程度的图正则参数；$\boldsymbol{L}=\boldsymbol{D}-\boldsymbol{\Omega}$，为表示图像内部流形约束的拉普拉斯矩阵，$\boldsymbol{D}=\mathrm{diag}(d_1,d_2,\cdots,d_m)$，$d_i=\sum_{j=1}^{m}\Omega_{ij}$。

常见的权重定义方式有 0－1 权重(0－1 Weighting)、热核(Heat Kernel Weighting)权重以及点积权重(Dot-Product Weighting)。GNMF 中，采用热核权重对图像构造权值矩阵：

$$\Omega_{ij}=\mathrm{e}^{-\frac{\parallel v_i-v_j\parallel^2}{\sigma}}$$

式中：v_i、v_j 为图像中的任意两个像素。

GNMF 方法只考虑了基于欧氏距离高光谱图像内部结构，忽略了丰度矩阵的稀疏性，制约了解混精度的提高。

3.2.2　稀疏约束非负矩阵分解

对于实际高光谱图像，图中的像元通常情况下只由几个端元混合而成，相对于光谱库端元数目明显较少，体现在解混中就是对应丰度向量中包含大量 0 值，表现出稀疏性。

典型的稀疏约束是 L_0 范数约束。基于 L_0 范数约束的 NMF 方法结果稀疏性较好，但在实际应用中存在 NP 问题，难以求解。在 RIP(Restricted Isometric Property)条件下，L_1 范数相比 L_0 范数求解速度更快，且具有相同的解，但是 L_1 范数的稀疏性和稳健性较差。

经证明，对于 L_p 范数，$0<p\leqslant 1/2$ 范围内，$L_{1/2}$ 范数解的稀疏性不会随 p 变化，且求解速度优于 L_0 范数；在 $1/2\leqslant p<1$ 范围内，$L_{1/2}$ 范数具有最优稀疏解。在此基础上，引入稀疏约束条件

$$\parallel \boldsymbol{H}\parallel_{\frac{1}{2}}=\sum_{i=1}^{r}\sum_{j=1}^{n}H_{ij}^{\frac{1}{2}}$$

提出一种基于 $L_{1/2}$ 范数稀疏约束非负矩阵分解($L_{1/2}$ Sparsity-Constrained NMF，$L_{1/2}$-NMF)方法，其目标函数表示为

$$f(\boldsymbol{W},\boldsymbol{H})=\frac{1}{2}\parallel \boldsymbol{V}-\boldsymbol{W}\boldsymbol{H}\parallel_F^2+\lambda\parallel \boldsymbol{H}\parallel_{\frac{1}{2}}$$

式中：λ 为调整丰度矩阵稀疏约束性的权重参数。

3.3　多核图正则化稀疏约束 NMF 算法及像元解混

3.3.1　图正则化权值获取

由于实际地物分布和图像空间特征的限制，高光谱图像表现出两种流形特征：局部相似性和局部差异性。

在实际高光谱遥感图像中，地物分布往往是连续分布的，因此图像中局部区域中像元的光谱特征存在一定相似性，同一地物丰度值也表现出变化平滑性和邻域相似性。本节以当前像元和相邻像元间的欧氏距离判断像元的邻域关系，构建局部相似性流形结构。对于图像中任意像元 v_i 和 v_j，二者权值可由 0－1 权重进行表示。即

$$\Omega_{ij}{}'=\begin{cases}1, & v_j \in N_p(v_i)\\ 0, & v_j \notin N_p(v_i)\end{cases}$$

式中：$N_p(v_i)$表示以像元 v_i 为中心的 $p\times p$ 的邻域。

由于纹理特征的存在，高光谱图像在邻域内也存在一定差异性，即局部差异性流形结构，因此本节在邻域内采用热核函数衡量像元间的相似性。对于在邻域内的两个像元 v_i 和 v_j，其越相似，则权值 Ω_{ij} 越大，其像元对应的丰度越接近。

依据上述两种流形结构，本章的图正则化权值表达式为

$$\Omega_{ij}=\begin{cases}e^{-\frac{\| v_i-v_j \|^2}{\sigma}}, & v_j \in N_p(v_i)\\ 0, & v_j \notin N_p(v_i)\end{cases}$$

3.3.2 多核图正则化 NMF 算法优化

对高光谱数据 $\mathbf{V}=[v_1,v_2,\cdots,v_m]\in\mathbf{R}^{n\times m}$，非线性映射到高维特征空间，

$$\widetilde{\mathbf{V}}=\varphi(\mathbf{V})$$

有 $\widetilde{\mathbf{V}}=[\widetilde{v}_1,\widetilde{v}_2,\cdots,\widetilde{v}_m]$。在特征空间中进行 NMF 分解，可以得到

$$\widetilde{\mathbf{V}}=\widetilde{\boldsymbol{W}}\widetilde{\boldsymbol{H}}+\boldsymbol{\varepsilon}$$

式中：$\widetilde{\boldsymbol{W}}\in\mathbf{R}^{n\times r}$ 和 $\widetilde{\boldsymbol{H}}\in\mathbf{R}^{r\times m}$ 分别为特征空间的基矩阵和系数矩阵，$\widetilde{\mathbf{W}}\in\mathbf{R}^{n\times r}$ 为 $\widetilde{\mathbf{V}}$ 的凸组合，即存在 $\boldsymbol{U}\in\mathbf{R}^{m\times r}$，且 $\sum U_{ij}=1$，使得 $\widetilde{\mathbf{W}}=\widetilde{\mathbf{V}}\boldsymbol{U}$。则目标函数为

$$\begin{aligned}f(\boldsymbol{U},\widetilde{\boldsymbol{H}})&=\frac{1}{2}\|\widetilde{\mathbf{V}}-\widetilde{\boldsymbol{W}}\widetilde{\boldsymbol{H}}\|_F^2\\&=\frac{1}{2}\|\widetilde{\mathbf{V}}-\widetilde{\mathbf{V}}\boldsymbol{U}\widetilde{\boldsymbol{H}}\|_F^2\\&=\frac{1}{2}\mathrm{Tr}\{\widetilde{\mathbf{V}}^{\mathrm{T}}\widetilde{\mathbf{V}}-2\widetilde{\mathbf{V}}^{\mathrm{T}}\widetilde{\mathbf{V}}\boldsymbol{U}\widetilde{\boldsymbol{H}}^{\mathrm{T}}+\widetilde{\boldsymbol{H}}\boldsymbol{U}^{\mathrm{T}}\widetilde{\mathbf{V}}^{\mathrm{T}}\widetilde{\mathbf{V}}\boldsymbol{U}\widetilde{\boldsymbol{H}}^{\mathrm{T}}\}\end{aligned}\tag{3.1}$$

定义多核函数$\boldsymbol{K}=\sum_{j=1}^{m}\beta_j k_j=\varphi(\mathbf{V})^{\mathrm{T}}\varphi(\mathbf{V})=\widetilde{\mathbf{V}}^{\mathrm{T}}\widetilde{\mathbf{V}}$，其中$\beta_j\geqslant 0$且$\sum_{j=1}^{m}\beta_j=1$，代入式(3.1)，得

$$\begin{aligned}f(\boldsymbol{U},\widetilde{\boldsymbol{H}})&=\frac{1}{2}\mathrm{Tr}\{\boldsymbol{K}-2\boldsymbol{K}\boldsymbol{U}\widetilde{\boldsymbol{H}}^{\mathrm{T}}+\widetilde{\boldsymbol{H}}\boldsymbol{U}^{\mathrm{T}}\boldsymbol{K}\boldsymbol{U}\widetilde{\boldsymbol{H}}^{\mathrm{T}}\}\\&=\frac{1}{2}\mathrm{Tr}\{\boldsymbol{K}\|\boldsymbol{E}-\boldsymbol{U}\widetilde{\boldsymbol{H}}^{\mathrm{T}}\|_F^2\}\\&=\frac{1}{2}\mathrm{Tr}\{\sum_{j=1}^{m}\beta_j k_j\|\boldsymbol{E}-\boldsymbol{U}\widetilde{\boldsymbol{H}}^{\mathrm{T}}\|_F^2\}\end{aligned}$$

引入图正则项和丰度稀疏约束，可得到 MKGLNMF 的目标函数

$$f(\boldsymbol{U},\widetilde{\boldsymbol{H}})=\frac{1}{2}\mathrm{Tr}\left\{\sum_{j=1}^{m}\beta_j k_j \parallel \boldsymbol{E}-\boldsymbol{U}\widetilde{\boldsymbol{H}}^{\mathrm{T}}\parallel_F^2\right\}+\lambda\parallel\widetilde{\boldsymbol{H}}\parallel_{\frac{1}{2}}+\frac{\mu}{2}\mathrm{Tr}(\widetilde{\boldsymbol{H}}\boldsymbol{L}\widetilde{\boldsymbol{H}}^{\mathrm{T}}) \tag{3.2}$$

通过交替优化的方法，可以对 $\boldsymbol{\beta}=[\beta_1,\beta_2,\cdots,\beta_s]$、$\boldsymbol{U}$ 和 $\widetilde{\boldsymbol{H}}$ 进行求解。

首先，固定 $\boldsymbol{U}$ 和 $\widetilde{\boldsymbol{H}}$。令 $t_j=\mathrm{Tr}\{k_j\parallel\boldsymbol{E}-\boldsymbol{U}\widetilde{\boldsymbol{H}}^{\mathrm{T}}\parallel_F^2\}$，$R=\lambda\parallel\widetilde{\boldsymbol{H}}\parallel_{\frac{1}{2}}+\frac{\mu}{2}\mathrm{Tr}(\widetilde{\boldsymbol{H}}\boldsymbol{L}\widetilde{\boldsymbol{H}}^{\mathrm{T}})$，式(3.2)可改写为

$$\begin{aligned}f(\boldsymbol{U},\boldsymbol{H}_\varphi)&=\frac{1}{2}\sum_{j=1}^{m}\beta_j\mathrm{Tr}\{k_j\parallel\boldsymbol{E}-\boldsymbol{U}\widetilde{\boldsymbol{H}}^{\mathrm{T}}\parallel_F^2\}+\lambda\parallel\widetilde{\boldsymbol{H}}\parallel_{\frac{1}{2}}+\frac{\mu}{2}\mathrm{Tr}(\widetilde{\boldsymbol{H}}\boldsymbol{L}\widetilde{\boldsymbol{H}}^{\mathrm{T}})\\&=\frac{1}{2}\sum_{j=1}^{m}\beta_j t_j+\boldsymbol{R}\\&=\frac{1}{2}\boldsymbol{T\beta}+\boldsymbol{R}\end{aligned} \tag{3.3}$$

式中，$\boldsymbol{T}=[t_1,t_2,\cdots,t_m]^{\mathrm{T}}$。

对于式(3.3)，利用线性规划可以对合成核函数的 $\boldsymbol{\beta}$ 进行求解。

然后，对于求得的 $\boldsymbol{\beta}$ 进行固定，对 $\boldsymbol{U}$ 和 $\widetilde{\boldsymbol{H}}$ 进行求解。由于 $\boldsymbol{U}$ 和 $\widetilde{\boldsymbol{H}}$ 需满足非负性条件，即 $\boldsymbol{U}\geqslant 0$ 且 $\widetilde{\boldsymbol{H}}\geqslant 0$，引入拉格朗日算子对这类不等式问题进行求解，即

$$G(\boldsymbol{U},\widetilde{\boldsymbol{H}})=\frac{1}{2}\mathrm{Tr}\{\boldsymbol{K}\parallel\boldsymbol{E}-\boldsymbol{U}\widetilde{\boldsymbol{H}}^{\mathrm{T}}\parallel_F^2\}+\lambda\parallel\widetilde{\boldsymbol{H}}\parallel_{\frac{1}{2}}+\frac{\mu}{2}\mathrm{Tr}(\widetilde{\boldsymbol{H}}\boldsymbol{L}\widetilde{\boldsymbol{H}}^{\mathrm{T}})+\mathrm{Tr}(\boldsymbol{\zeta U})+\mathrm{Tr}(\boldsymbol{\tau}\widetilde{\boldsymbol{H}})$$

其中，$\boldsymbol{\zeta}=(\zeta_{ij})$，$\boldsymbol{\tau}=(\tau_{ij})$，$\zeta_{ij}$ 和 τ_{ij} 分别为约束 $U_{ij}\geqslant 0$ 和 $\widetilde{H}_{ij}\geqslant 0$ 的拉格朗日乘子。

等式两端对 $\boldsymbol{U}$ 和 $\widetilde{\boldsymbol{H}}$ 求偏导，有

$$\begin{cases}\dfrac{\partial\boldsymbol{G}}{\partial\boldsymbol{U}}=\boldsymbol{K}\widetilde{\boldsymbol{U}}\boldsymbol{H}\widetilde{\boldsymbol{H}}^{\mathrm{T}}-\boldsymbol{K}\widetilde{\boldsymbol{H}}^{\mathrm{T}}+\boldsymbol{\zeta}=0\\\dfrac{\partial\boldsymbol{G}}{\partial\widetilde{\boldsymbol{H}}}=\widetilde{\boldsymbol{H}}^{\mathrm{T}}\boldsymbol{U}^{\mathrm{T}}\boldsymbol{K}\boldsymbol{U}-\boldsymbol{K}\boldsymbol{U}^{\mathrm{T}}+\dfrac{1}{2}\boldsymbol{\lambda}\widetilde{\boldsymbol{H}}^{-\frac{1}{2}}+\boldsymbol{\mu}\widetilde{\boldsymbol{H}}\boldsymbol{L}+\boldsymbol{\tau}=0\end{cases}$$

由 KKT 条件，$\zeta_{ij}U_{ij}=0$，$\tau_{ij}\widetilde{H}_{ij}=0$，得

$$\begin{cases}(\boldsymbol{K}\widetilde{\boldsymbol{U}}\boldsymbol{H}\widetilde{\boldsymbol{H}}^{\mathrm{T}})_{ij}U_{ij}-(\boldsymbol{K}\widetilde{\boldsymbol{H}}^{\mathrm{T}})_{ij}U_{ij}=0\\(\widetilde{\boldsymbol{H}}^{\mathrm{T}}\boldsymbol{U}^{\mathrm{T}}\boldsymbol{K}\boldsymbol{U})_{ij}\widetilde{H}_{ij}-(\boldsymbol{K}\boldsymbol{U})_{ij}\widetilde{H}_{ij}+(\dfrac{1}{2}\lambda\widetilde{\boldsymbol{H}}^{-\frac{1}{2}})_{ij}\widetilde{H}_{ij}+(\mu\widetilde{\boldsymbol{H}}\boldsymbol{L})_{ij}\widetilde{H}_{ij}=0\end{cases}$$

则 U_{ij} 和 $\widetilde{H}_{ij}$ 可由以下公式进行迭代：

$$\begin{cases}U_{ij}\leftarrow\dfrac{\boldsymbol{K}\widetilde{\boldsymbol{H}}^{\mathrm{T}}}{\boldsymbol{K}\widetilde{\boldsymbol{U}}\boldsymbol{H}\widetilde{\boldsymbol{H}}^{\mathrm{T}}}U_{ij}\\\widetilde{H}_{ij}\leftarrow\dfrac{\boldsymbol{K}\boldsymbol{U}+\mu\widetilde{\boldsymbol{H}}\boldsymbol{\Omega}}{\widetilde{\boldsymbol{H}}^{\mathrm{T}}\boldsymbol{U}^{\mathrm{T}}\boldsymbol{K}\boldsymbol{U}+\dfrac{1}{2}\lambda\widetilde{\boldsymbol{H}}^{-\frac{1}{2}}+\mu\widetilde{\boldsymbol{H}}\boldsymbol{D}}\widetilde{\boldsymbol{H}}_{ij}\end{cases}$$

当 $\| \tilde{\mathbf{V}} - \tilde{\mathbf{V}}\boldsymbol{U}\tilde{\boldsymbol{H}} \| \leqslant \varepsilon$ 时，完成迭代。ε 为设定的阈值。

3.3.3 基于多核图正则化稀疏约束 NMF 的高光谱图像像元解混

将 MKGLNMF 方法应用于高光谱图像解混时，将 $\boldsymbol{U}$ 和 $\tilde{\boldsymbol{H}}$ 初始化为(0,1)间的随机值。由于丰度矩阵需要满足 ANC 和 ASC 约束，因此需在每次迭代时对 $\tilde{\boldsymbol{H}}$ 进行归一化处理，即

$$\tilde{H}_i \leftarrow \tilde{H}_i \left(\sum_{i=1}^{r} \tilde{H}_i\right)^{-1}$$

则基于 MKGLNMF 的高光谱图像解混方法的具体步骤见表 3.1。

表 3.1 MKGLNMF 算法伪代码

输入：高光谱数据 $\mathbf{V} \in \mathbf{R}^{n \times m}$，端元数目 r，$\boldsymbol{k} = [k_1, k_2, \cdots, k_s]$，最大迭代次数 maxiter。

输出：端元矩阵 $\tilde{\mathbf{W}} \in \mathbf{R}^{n \times r}$，丰度矩阵 $\tilde{\boldsymbol{H}} \in \mathbf{R}^{r \times m}$。

① 根据式 $\Omega_{ij} = \begin{cases} e^{-\frac{\| v_i - v_j \|^2}{\sigma}} & v_j \in N_p(v_i) \\ 0 & v_j \notin N_p(v_i) \end{cases}$，初始化 $\boldsymbol{\Omega}$。

②初始化 $\boldsymbol{\beta} = [\beta_1, \beta_2, \cdots, \beta_s]$，$\beta_i = \dfrac{1}{s}$。

③初始化 $\boldsymbol{U}$ 和 $\tilde{\boldsymbol{H}}$。

④$t=1$ 到 $t=\text{maxiter}$，重复步骤(a)至(d)：

(a)根据式 $f(\boldsymbol{U}, \boldsymbol{H}_\varphi) = \dfrac{1}{2}\sum_{j=1}^{m} \beta_j \operatorname{Tr}\{k_j \| \boldsymbol{E} - \boldsymbol{U}\tilde{\boldsymbol{H}}^{\mathrm{T}} \|_F^2\} + \lambda \| \tilde{\boldsymbol{H}} \|_{\frac{1}{2}} + \dfrac{\mu}{2}\operatorname{Tr}(\tilde{\boldsymbol{H}}\boldsymbol{L}\tilde{\boldsymbol{H}}^{\mathrm{T}}) = \dfrac{1}{2}\boldsymbol{T\beta} + \boldsymbol{R}$，更新 $\boldsymbol{\beta}$。

(b)根据式 $\begin{cases} U_{ij} \leftarrow \dfrac{\boldsymbol{K}\tilde{\boldsymbol{H}}^{\mathrm{T}}}{\boldsymbol{K}\boldsymbol{U}\tilde{\boldsymbol{H}}\tilde{\boldsymbol{H}}^{\mathrm{T}}} U_{ij} \\ \tilde{H}_{ij} \leftarrow \dfrac{\boldsymbol{KU} + \mu\tilde{\boldsymbol{H}}\boldsymbol{\Omega}}{\tilde{\boldsymbol{H}}^{\mathrm{T}}\boldsymbol{U}^{\mathrm{T}}\boldsymbol{KU} + \frac{1}{2}\lambda\tilde{\boldsymbol{H}}^{-\frac{1}{2}} + \mu\tilde{\boldsymbol{H}}\boldsymbol{D}} \tilde{H}_{ij} \end{cases}$，更新 $\boldsymbol{U}$ 和 $\tilde{\boldsymbol{H}}$。

(c) 根据式 $\tilde{H}_i \leftarrow \tilde{H}_i (\sum_{i=1}^{r} \tilde{H}_i)^{-1}$，对 $\tilde{\boldsymbol{H}}$ 每一列进行归一化处理。

(d)如果 $\| \tilde{\mathbf{V}} - \tilde{\mathbf{V}}\boldsymbol{U}\tilde{\boldsymbol{H}} \| \leqslant \varepsilon$，退出循环。

3.4 实验验证及结果分析

为检验像元解混效果，将本章算法与 KbSNMF、GNMF 以及 SGSNMF 三种算法进行比较，利用模拟数据集评价算法的有效性，并在真实高光谱数据集下进行验证。对于解混精度，本节从 SAD 和 RMSE 两个方面进行评价。为保证实验结果的可靠性，每个算法都进行 10 次计算，取其平均值进行评价。

3.4.1　模拟数据集实验

1. 模拟数据集 1

为了对比算法对于不同信噪比高光谱图像解混效果，模拟数据按照本章方法进行合成，模拟高光谱图像大小为 65×65，每个混合像元区域为 5×5。端元光谱包括 224 个波段，满足 ANC 和 ASC 约束条件。为模拟传感器噪声以及其他可能出现的误差，分别添加 SNR 为 10 dB、20 dB、30 dB、40 dB、50 dB 和 60 dB 的高斯白噪声。图 3.1、图 3.2 分别为在不同信噪比情况下，KbSNMF、GNMF、SGSNMF 以及 MKGLNMF4 种算法对模拟数据解混结果的 SAD 值、RMSE 值比较。从图中可以看出，随着 SNR 值的增大、噪声程度降低，总体上 4 种算法的 SAD 值和 RMSE 值随之减小，表明解混结果逐渐变好。其中，GNMF、SGSNMF 以及 MKGLNMF 算法的 SAD 值在不同 SNR 下均小于 KbSNMF，表明在引入基于空间结构的约束条件后端元提取效果得到了增强。除 SNR 为 10 dB 时，本章算法的 RMSE 略大于 SGSNMF 算法外，本章算法解混结果的 SAD 和 RMSE 均为最小。SNR 为 10 dB 时，本章算法与 SGSNMF 算法解混后的丰度图如图 3.3 所示，虽然从数值上看 SGSNMF 的 RMSE 值较小，但对端元 1 和端元 3 都出现了纯像元估计错误的情况，而本章方法能够对 6 个端元都进行正确估计，具有更好的丰度估计结果。说明本章提出的方法具有更优的抗噪声能力。

图 3.4 展示了在 SNR 为 20 dB、30 dB 和 40 dB 时不同算法对端元 4 的丰度估计。从丰度图上看，随着 SNR 的提高、混入噪声的减少，4 种方法对端元 4 的丰度估计图中噪点也随之减少，解混精度提升。从整体上看，GNMF 方法得到的丰度图噪点明显少于 KbSNMF 方法，表明引入图正则项可以有效减少噪声对丰度估计的影响。为便于分析噪声对解混结果的影响，截取 20 dB 下的丰度图局部进行放大，如图 3.5 所示。

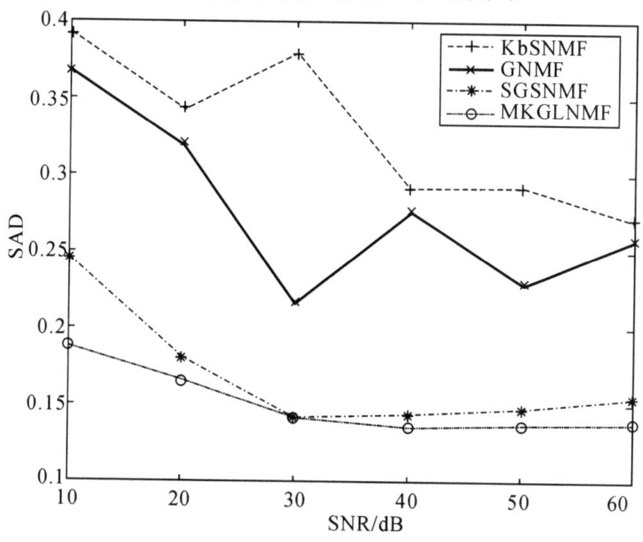

图 3.1　不同 SNR 下各算法 SAD 值比较

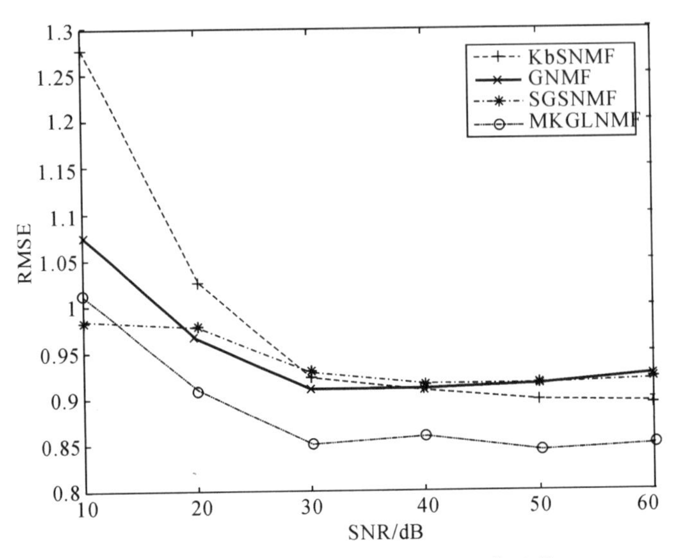

图 3.2 不同 SNR 下各算法 RMSE 值比较

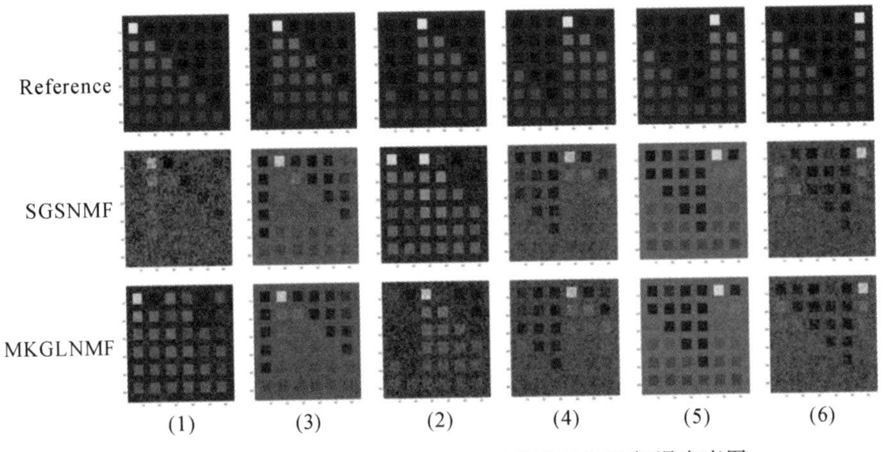

图 3.3 SNR 为 10 dB 时 SGSNMF、MKGLNMF 解混丰度图

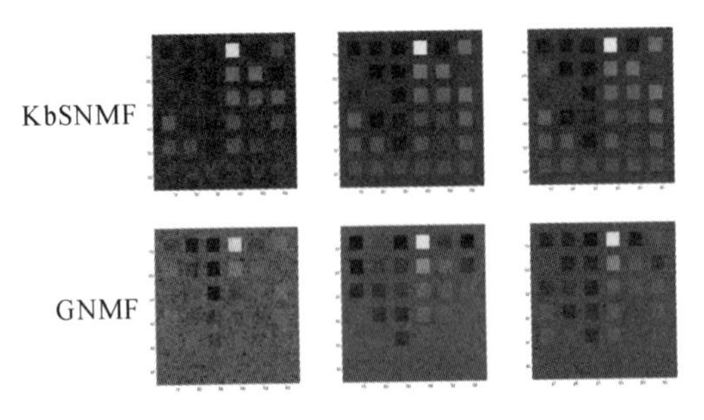

图 3.4 不同 SNR 下对端元 4 的丰度估计

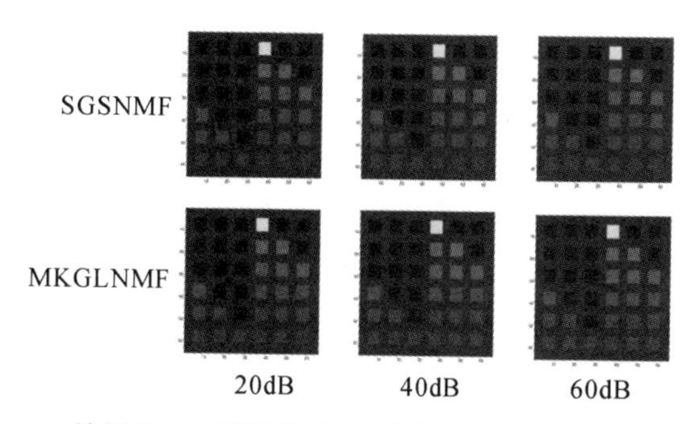

续图 3.4　不同 SNR 下对端元 4 的丰度估计

图 3.5 (a)为模拟数据的真实丰度图,局部图中所截取区域包含了 4 个混合像元方块,上下 2 个混合像元方块端元 4 的丰度值相同。从图中可直观发现,由于受噪声影响,KbSNMF 方法和 GNMF 方法解混后丰度图中噪点较多,且同一混合像元区域的丰度值纯在较大差异,不能对图像进行正确的丰度估计。SGSNMF 解混后上下 2 组混合像元方块内的丰度值较为接近,但是在背景区域和混合像元方块区域中仍有较为明显的噪声点。MKGLNMF 方法丰度图中更为平滑,背景中噪声点更少,且混合像元区域更加纯净,相比于其他方法更接近于真实的丰度分布,表明本章提出的方法具有更好的抗噪声能力。

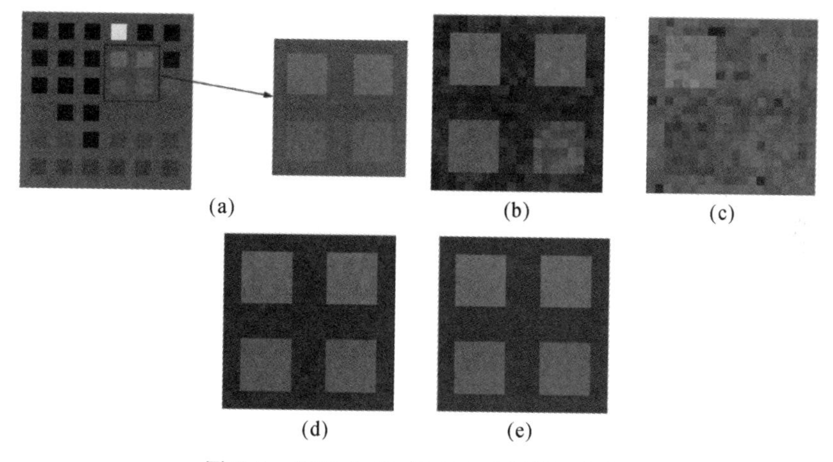

图 3.5　SNR 为 20 dB 时丰度图局部放大

(a)Reference;(b)KbSNMF;(c)GNMF;(d)SGSNMF;(e)MKGLNMF

2. 模拟数据集 2

为了对比算法对于不同端元数高光谱图像解混效果,模拟数据按照第 2 章方法进行合成,模拟高光谱图像中分别包含 5、7、9、11、13、15 个端元光谱,端元光谱包括 224 个波段。图像大小为 155×155,每个混合像元区域为 5×5,满足 ANC 和 ASC 约束条件。为模拟传感器噪声以及其他可能出现的误差,添加 SNR 固定为 20 dB 的高斯白噪声。

图 3.6、图 3.7 分别为不同端元数时,三种算法解混后的 SAD 和 RMSE 结果。可以看出本章提出的算法在大部分情况下 SAD 和 RMSE 最小,且 SAD 和 RMSE 值变化幅度较

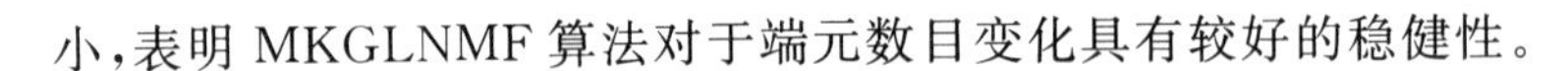

小，表明 MKGLNMF 算法对于端元数目变化具有较好的稳健性。

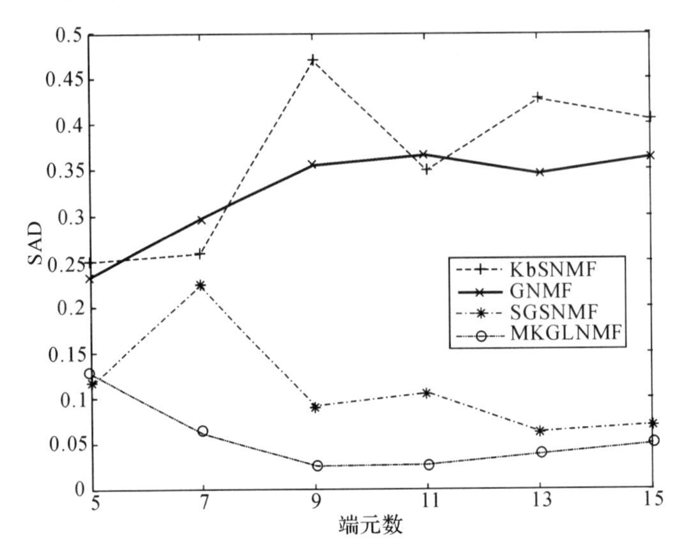

图 3.6　不同端元数时各算法 SAD 值比较

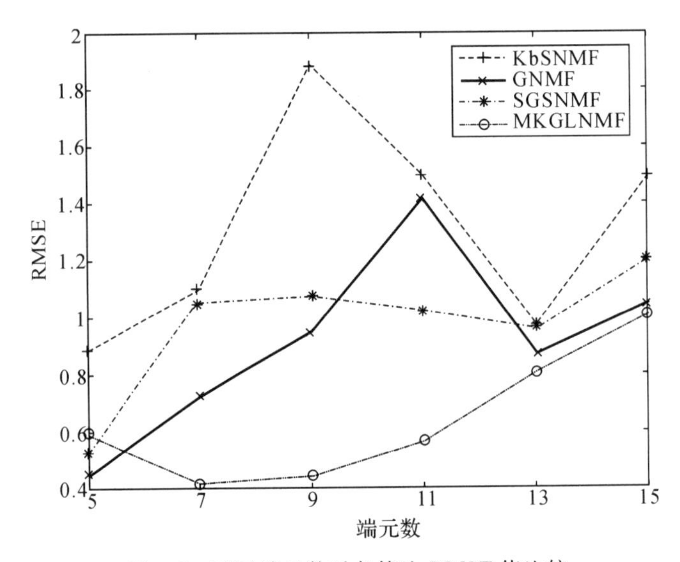

图 3.7　不同端元数时各算法 RMSE 值比较

3.4.2　真实数据集实验

为验证本章算法的解混效果，本节将使用 Urban 数据集和 Jasper Ridge 数据集两个真实高光谱数据集进行解混。

1. Jasper Ridge 数据集

图 3.8 为 KbSNMF、GNMF、SGSNMF 算法和本章算法对 Jasper Ridge 图像解混后所得到的端元光谱图与参考端元的比较，分别对应树木、水、泥土以及道路四类地物。图中线

条分别为 KbSNMF、GNMF、SGSNMF 以及 MKGLNMF 算法的端元提取结果。表 3.2 为 4 种方法对 Jasper Ridge 数据集的解混结果。从图中可以看出，KbSNMF 算法仅能够对树木和水两类地物进行正确提取，对泥土以及道路的提取效果较差。GNMF、SGSNMF 以及 MKGLNMF 算法能够对四类地物端元进行有效提取。相较于 GNMF 和 SGSNMF 算法，采用 MKL 算法的 MKGLNMF 算法得到的树木、泥土和道路三类地物的光谱曲线更接近于参考地物光谱，表明真实高光谱图像通过核映射后再进行解混的端元提取效果更好。

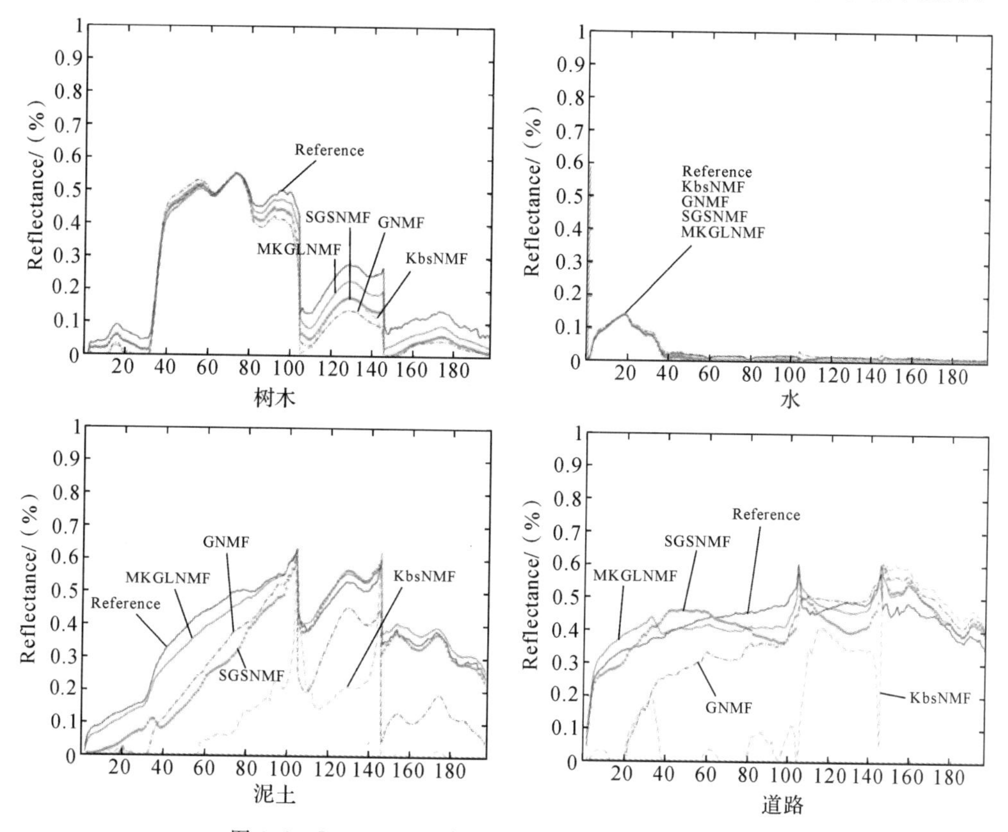

图 3.8　Jasper Ridge 数据集参考端元光谱与解混结果

表 3.2　Jasper Ridge 数据集解混结果

	Class	KbSNMF	GNMF	SGSNMF	MKGLNMF
SAD	Tree	0.212 6	0.248 1	0.181 6	**0.100 6**
	Water	0.299 1	**0.095 3**	0.285 5	0.139 1
	Dirt	0.734 6	0.329 6	0.263 7	**0.073 4**
	Road	0.723 2	0.316 4	0.130 7	**0.092 3**
	Average	0.492 3	0.247 3	0.215 4	**0.101 3**
RMSE		1.739 89	0.673 8	0.683 4	**0.472 4**

2. Urban 数据集

图 3.9 为 KbSNMF、GNMF、SGSNMF 算法和本章算法对 Urban 图像解混后所得到的丰度图及其参考丰度图的比较。其中第 1 行为参考真实地物的丰度图，第 2 至 5 行依次对应 KbSNMF、GNMF、SGSNMF 和本算法解混后的丰度图，第 1 至 6 列依次对应沥青路面、草地、树木、屋顶、金属、泥土六类端元的丰度图。从图中可以看出，由于引入了空间结构约束，GNMF、SGSNMF 以及 MKGLNMF 算法的解混效果较 KbSNMF 算法更好。MKGLNMF 算法能够有效地对 6 种地物进行分离，丰度图与参考丰度图有很大的相似性。从丰度图可以看出，MKGLNMF 算法的解混结果能够较好地识别出与真实地物相对应的特征，同一地物之间具有较好的连续性。

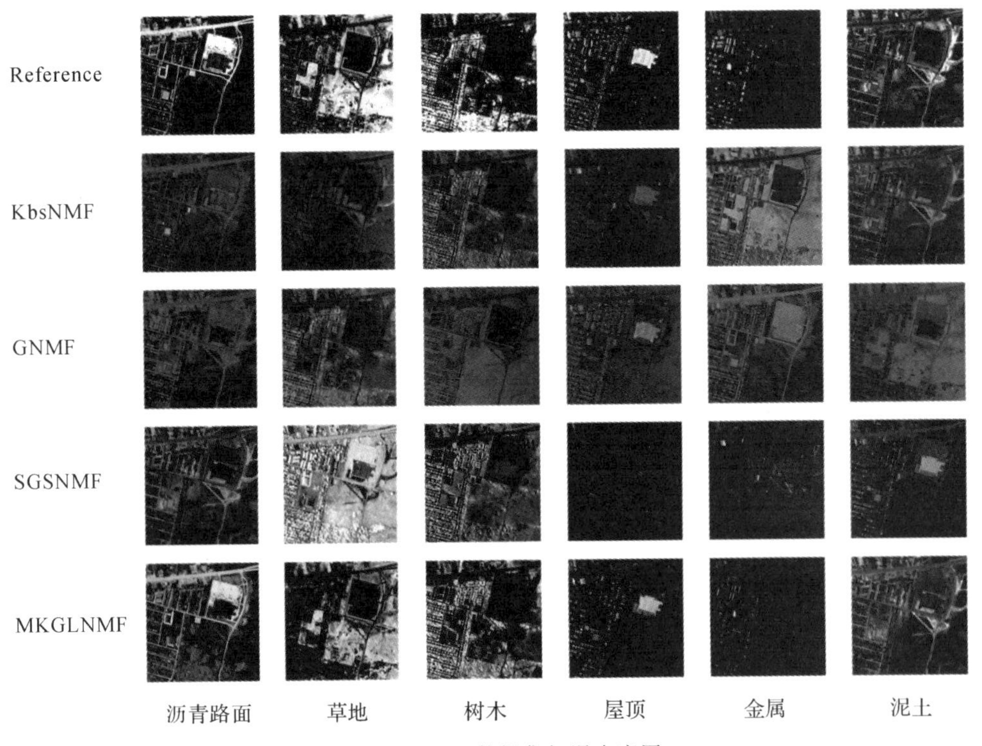

图 3.9　Urban 数据集解混丰度图

表 3.3 为 Urban 地区高光谱数据实验所得结果，对于每项结果的最优值进行了加粗表示。从表中可以看出，对于解混精度，除沥青路面、树木和屋顶三类地物以外，本章算法的 SAD 与 RMSE 均最优，验证了模拟数据实验结果，表明本章算法对于真实高光谱图像同样具有良好的像元解混精度。

表 3.3　Urban 数据集解混结果

	Class	KbSNMF	GNMF	SGSNMF	MKGLNMF
SAD	Asphalt Road	**0.051 5**	0.231 0	0.398 9	0.200 4
	Grass	0.221 5	0.198 0	0.450 5	**0.114 3**
	Tree	0.322 6	**0.062 5**	0.155 8	0.187 9

续表

	Class	KbSNMF	GNMF	SGSNMF	MKGLNMF
SAD	Roof	0.550 2	**0.130 5**	0.338 9	0.133 6
	Metal	0.781 0	0.498 1	0.564 3	**0.143 1**
	Dirt	0.542 9	0.038 0	0.494 6	**0.055 3**
	Average	0.411 6	0.193 0	0.400 5	**0.139 1**
RMSE		1.785 1	1.421 5	1.563 3	**0.800 7**

3.5　本章小结

对于 NMF 方法在解混中存在的局部极值导致收敛性差、精度不高问题，本章在多核映射实现数据线性化的基础上，从高光谱图像像元间的空间结构关系角度出发，引入图正则项实现对高光谱图像内部流形结构的表达，并在丰度上添加稀疏约束，提出了一种基于多核图正则化稀疏约束 NMF 的高光谱图像解混方法。本章对模拟数据以及真实高光谱图像数据进行了相关实验，将本章方法与 KbSNMF、GNMF 以及 SGSNMF 三种方法进行了比较。从实验结果可以看出，本章方法能够有效减小噪声对像元解混的影响，具有较高的解混精度。

第4章　基于耦合自编码器的高光谱图像超分辨重建

4.1　概　　述

现有基于光谱混合模型的超分辨方法通常没有考虑高光谱图像的谱-空特性；针对此问题，本章提出谱-空约束的耦合自编码器网络实现高光谱图像超分辨重建。该方法利用共享的解码网络保留光谱信息；局部区域内高光谱图像的端元是有限的，可以降低丰度信息提取的不适定性。此外提出谱-空约束，利用向量全变差约束保留边缘信息并增强平滑性、角相似性减少光谱失真，获得高精度的端元和丰度矩阵并将其重建为高光谱图像。角相似性度量的引入可以避免空间退化先验的限制，提高方法的实用性。

4.2　基于融合的超分辨重建

基于融合的超分辨重建方法通常利用高光谱图像 $H_{lr} \in \mathbf{R}^{w \times h \times B}$ 和对应的多光谱图像 $M \in \mathbf{R}^{W \times H \times b}$ 预测高分辨率的高光谱图像 $H_{hr} \in \mathbf{R}^{W \times H \times B}$。其中 W, H, w, h 分别表示高分辨率和低分辨率图像的宽度和高度，B, b 分别表示图像的波段数。由退化模型可知，LR HSI X 和 HR HSI Y 是由目标图像 Z 分别沿着空间维度和光谱维度退化形成的。基于融合的超分辨方法的目标为

$$\operatorname{argmin} \| H_{lr} - H_{hr}\boldsymbol{D} \|_F^2 + \| M - \boldsymbol{R}H_{hr} \|_F^2 + \rho(H_{hr})$$

其中：空间退化矩阵 $\boldsymbol{D}$ 是由环境、运动以及点扩散函数等复杂因素共同决定的，建模是十分困难的，因此本章假设 $\boldsymbol{D}$ 是未知的；光谱退化矩阵 $\boldsymbol{R}$ 通常近似为相机的光谱响应函数，容易得到，因此本章假设光谱退化矩阵是已知的。

直接对模型进行优化不仅计算复杂，而且预测的结果不稳定，容易得到局部最优解。利用光谱混合理论将高光谱图像分解为端元和丰度矩阵，可以有效地降低问题的计算复杂度。由 LMM 可知，高光谱图像中任一像元的光谱曲线是由有限种“纯净”地物光谱线性混合形成的，其数学描述如下：

$$x = \sum_{j=1}^{c} e_j a_j, \quad \boldsymbol{X} = \boldsymbol{E}\boldsymbol{A}$$

其中：$\boldsymbol{X} \in \mathbf{R}^{B*N}$ 表示矩阵形式的 HSI，$x \in \mathbf{R}^{B}$ 是图像中的任意一个像元；$\boldsymbol{E} = [e_1, e_2, \cdots, e_c]$ 表示图像对应的端元矩阵；$\boldsymbol{A} = [a_1, a_2, \cdots, a_N]$ 是所有像元对应的丰度矩阵。端元数 c 通常远小于高光谱图像的波段数 B。在线性混合模型中，端元表示“纯净”地物的反射波谱，丰度反映的是端元在像元中的构成占比，因此应当满足以下约束条件：①丰度非负性约束(ANC)，即丰度矩阵的任意一个元素应是非负的；②丰度“和为一”约束(ASC)，即构成像元光谱的端元的构成占比总和应为一；③端元非负性约束(ENC)，即端元的所有元素是非负的。其数学表示为

$$
\begin{cases}
0 \leqslant e_{i,j} \leqslant 1, \forall i, j & \text{(ENC)} \\
0 \leqslant a_{i,j} \leqslant 1, \forall i, j & \text{(ANC)} \\
\boldsymbol{I}^{\mathrm{T}} \boldsymbol{A} = \boldsymbol{I}^{\mathrm{T}} & \text{(ASC)}
\end{cases}
$$

其中：$e_{i,j}, a_{i,j}$ 分别是端元和丰度矩阵的任一元素；$\mathbf{1}$ 表示元素均是 1 的、维度自适应的列向量。除上述物理约束外，因为每个像元对应通常仅包含有限的地物目标，即光谱特征是由少部分的端元光谱线性混合形成的，所以丰度是稀疏的。自然图像中的邻近的像素具有相似性，因此局部邻域对应的像元是低秩的。

4.3　谱-空约束的耦合自编码器超分辨重建

基于解混的方法利用低分辨率的高光谱图像和匹配的多光谱图像作为数据源预测高分辨率的高光谱图像。根据获取超分辨重建的高光谱图像等同获取其端元和丰度矩阵，可得到超分辨重建的目标函数为

$$
\arg\min_{\boldsymbol{E},\boldsymbol{A}} \| H_{lr} - \boldsymbol{EAD} \|_{\mathrm{F}}^{2} + \| \boldsymbol{M} - \boldsymbol{REA} \|_{\mathrm{F}}^{2} + \lambda \boldsymbol{R}
$$

使得

$$
\begin{cases}
0 \leqslant e_{i,j} \leqslant 1, \forall i, j \\
0 \leqslant a_{i,j} \leqslant 1, \forall i, j \\
\mathbf{1}^{\mathrm{T}} \boldsymbol{A} = \mathbf{1}^{\mathrm{T}} \\
\| \boldsymbol{A} \|_{0} \leqslant T
\end{cases}
$$

其中：前两项为数据保真项，确保超分辨生成的图像满足退化模型；$\lambda \boldsymbol{R}$ 是谱-空约束以及相应的正则系数。在优化过程中，端元和丰度矩阵应该满足上式所示的条件，其中 $\| \boldsymbol{A} \|_0$ 表示稀疏约束。

4.3.1　耦合自编码器设计

耦合自编码器由两个解码器耦合的自编码网络构成，分别用以进行高光谱图像和多光谱图像的重建，如图 4.1 所示。通过对图像重构实现解混，隐藏层得到图像的端元信息，解码器得到图像的丰度信息。为获取目标图像，首先利用自编码器网络(上框)对高光谱图像进行光谱解混，获取端元和丰度信息；然后解码器参数保持不变，利用自编码器网络(下框)对多光谱图像进行光谱解混，获取端元信息；最后利用端元和丰度信息重建目标高光谱图

像。图像的超分辨重建和耦合自编码的训练是同时进行的，当网络优化完成时，网络的输出为高分辨率的高光谱图像。

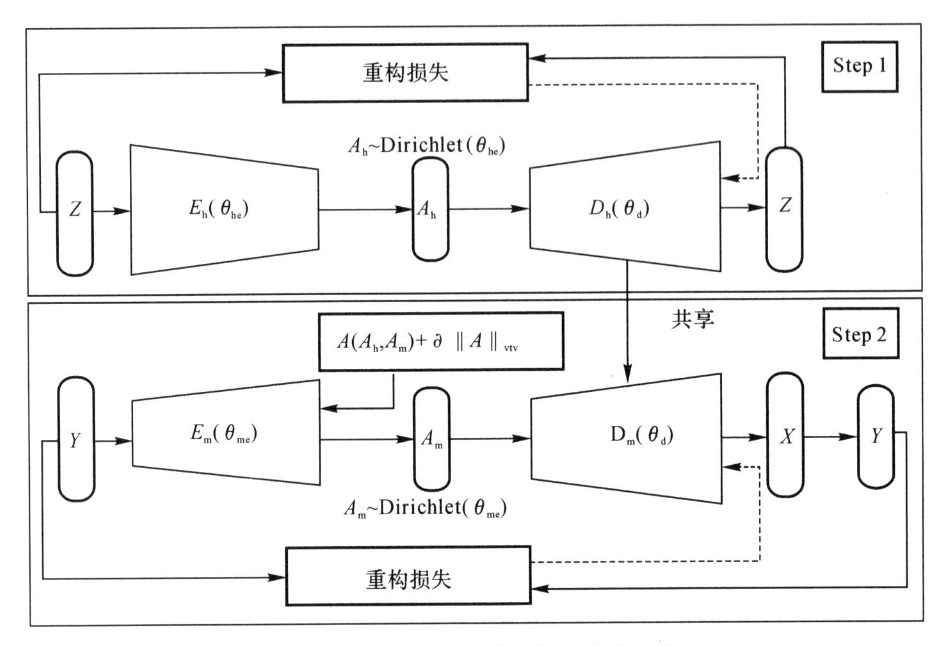

图 4.1　基于谱-空约束的耦合自编码器

图 4.2 为自编码网络基本结构，不同于典型的自编码网络，本章网络的编码器和解码器是非对称的。编码器采用密集连接的全连接层构成，从图像提取丰度信息；解码器由全连接层构成，用以保留光谱信息。以高光谱图像重建过程为例，编码器 $E_h(\theta_{he})$ 将高光谱数据映射到低维的隐藏表达层，解码器 $D_h(\theta_{hd})$ 则将隐藏层表示重构为高光谱数据，即

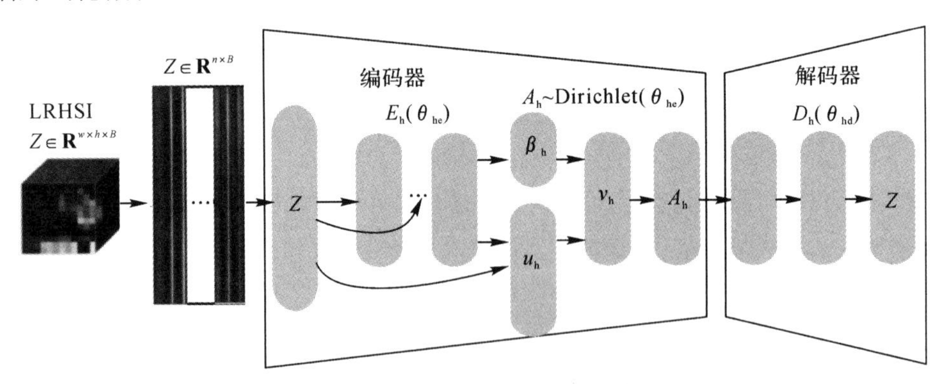

图 4.2　谱-空约束的自编码器示意图

$$A_h^1 = f_1(YW_{he}^1) + b_{he}^1$$

$$A_h^k = f_k(W_{he}^k([Y, A_h^1, \cdots, A_h^{k-1}]) + b_{he}^k)$$

$$\hat{Y}_h = g_k(W_{hd}^k g_{k-1}(\cdots g_1(A_h W_{hd}^1 + b_{hd}^1)\cdots) + b_{hd}^k)$$

式中：W_{he}^k 和 W_{hd}^k，b_{he}^k 和 b_{hd}^k 分别表示解码器和编码器网络在第 k 个隐藏层的权重和偏置；

f_k 和 g_k 则对应着编码器和解码器网络的在第 k 个隐藏层的激活函数；[*，*]表示并置操作，即沿着光谱维连接变量。

当利用自编码器网络从图像提取端元信息时，自编码器网络的隐藏层应能够反映图像的空间信息，此时解码器保留有光谱信息。以恒等函数作为解码器的激活函数 g_k，并将偏置设为零，则此时解码器的参数$\boldsymbol{\theta}_{\mathrm{hd}}$ 满足$\boldsymbol{\theta}_{\mathrm{hd}}=\boldsymbol{W}_{\mathrm{hd}}^{1}\boldsymbol{W}_{\mathrm{hd}}^{2}\cdots\boldsymbol{W}_{\mathrm{hd}}^{k}$ 如此解码器的参数将对应着线性混合模型中的端元矩阵，即有 $\boldsymbol{E}=\boldsymbol{\theta}_{\mathrm{hd}}$。总而言之，自编码器网络通过解码器保存端元信息、编码器的隐藏层表示丰度信息，利用重构过程实现光谱解混。多光谱图像的处理过程亦是如此。相同场景的下的 MSI 和 HSI 表示相同的目标，因此两者对应的端元矩阵是存在关联性的，根据光谱退化关系可知，以$\boldsymbol{E}_{\mathrm{m}}$ 表示由 MSI 对应的端元矩阵，$\boldsymbol{E}_{\mathrm{h}}$ 表示 HSI 对应的端元矩阵，则两者满足如下关系：

$$\boldsymbol{E}_{\mathrm{m}}=\boldsymbol{R}\boldsymbol{E}_{\mathrm{h}}$$

因此，用于多光谱图像重构的网络解码器的权值和用于高光谱图像重构的网络解码器的权值是相关的，即满足

$$\boldsymbol{\theta}_{\mathrm{md}}=\boldsymbol{E}_{\mathrm{m}}=\boldsymbol{R}\boldsymbol{E}_{\mathrm{h}}=\boldsymbol{R}\boldsymbol{\theta}_{\mathrm{hd}}$$

多光谱图像的波段数通常远少于端元数，对多光谱图像进行解混是不稳定的。因此，当利用自编码器对 MSI 进行重构解混时，解码器的权重维持固定，只对编码器进行优化。

为利用解码器保留光谱信息，隐藏层 $\boldsymbol{A}=(a_1,a_2,\cdots,a_p)^{\mathrm{T}}$ 需要表示图像的空间信息；因此隐藏层应满足丰度的非负性约束以及 ASC 约束，其中 $p=N$ 或 $p=n$ 分别表示高光谱图像或多光谱图像的像元数目，此时隐藏层分别表示高光谱图像丰度 A_{h} 或多光谱图像丰度 A_{m}。当隐藏层服从狄利克雷分布时，可以自然地满足非负性约束以及 ASC 约束，但此时需要添加额外的约束使隐藏层满足稀疏性。矩阵的零范式 $\|\cdot\|_0$ 可以用来表示稀疏约束，鉴于其 NP 难性质，通常采用其凸近似 L_1 范式实现稀疏约束。当丰度矩阵满足 ASC 约束时，L_1 范式无法保证丰度矩阵的稀疏性，因此，广义香农熵函数被用作约束使隐藏层满足稀疏约束。函数定义如下：

$$H_p(s)=-\sum_{j=1}^{N}|s_j|^p/|s|^p\lg|s_j|^p/|s|^p$$

在表示层满足非负的条件下，$p=1$ 可以减少计算量。

4.3.2　谱-空特性分析与约束

1. 向量全变差正则

通常而言，在高光谱图像重建问题中认为图像不仅位于低维子空间，而且在空间维度上也是逐块平滑的。全变差(Total Variation，TV)最初用以处理灰度图像的降噪问题，可以有效地保留边缘、纹理等细节以及图像的逐块平滑特性。以尺寸为 $M\times N$ 的图像为例，各向异性的全变差定义如下：

$$\|x\|_{\mathrm{tv}}=\sum_{i=1}^{M-1}\sum_{j=1}^{N-1}\{|x_{i,j}-x_{i+1,j}|+|x_{i,j}-x_{i,j+1}|\}+\sum_{i=1}^{M-1}|x_{i,N}-x_{i+1,N}| + \sum_{j=1}^{N-1}|x_{M,j}-x_{M,j+1}|$$

为将全变差模型应用到高光谱图像处理领域，同时考虑高光谱图像间光谱相关性，并兼顾去噪效果和计算复杂度，本章以向量化全变差模型（Vector Total Variation, VTV）作为正则添加空间约束：

$$\varphi(XD_{\mathrm{h}},XD_{\mathrm{v}})=\frac{1}{NL}\sum_{j=1}^{N}\sqrt{\sum_{i=1}^{L}\{(XD_{\mathrm{h}})_{i,j}^{2}+(XD_{\mathrm{v}})_{i,j}^{2}\}}$$

式中：$(*)_{i,j}$ 表示矩阵位于第 i 行第 j 列的元素；XD_{h} 表示沿着垂直方向计算图像的离散差分；XD_{v} 表示沿着水平方向计算图像的离散差分。除去少数边缘等细节的像素，VTV 正则通过计算梯度减少相邻像素的差异，保证重建的图像是逐块平滑的。理想的 HR HSI 所处的子空间和端元张成的子空间是相同的，因此本章将 TVT 约束应用到丰度矩阵上，从而间接地对目标图像进行约束。

2. 低秩约束

高光谱图像是高度结构化的，根据光谱混合模型，HSI 中任一像元的光谱曲线可以看作是由端元通过线性的组合生成的，因此有 $\mathrm{rank}(X)\leqslant c$。此外，当图像块为单元从多光谱图像获取丰度信息时，考虑图像的自相似性，即邻近的像素具有相近的像素值，则对应的局部空间内，需要预测的 HSI 应仅包括有限数量的端元，因此 HSI 在局部区域内的丰度应满足低秩的条件。当利用自编码器网络提取丰度信息时，添加低秩约束能够提高像元解混效果，进而提高超分辨重建图像的质量。

3. 余弦距离

多光谱图像的波段数目通常比端元数少，解混多光谱图像具有极高的不确定性，生成的空域和谱域信息不准确，因此导致超分辨重构的图像存在严重的光谱失真。现有基于解混的方法利用空间退化矩阵 $\boldsymbol{D}$ 作为先验，利用从 HSI 获取的丰度信息正则求解 MSI 丰度时的解空间，即$\boldsymbol{A}_{\mathrm{h}}=\boldsymbol{A}_{\mathrm{m}}\boldsymbol{D}$。因为空间退化矩阵获取难度大，所以本章将其作为未知。

光谱角映射图常被用以衡量真实图像和重构图像间的光谱差异，光谱角小表示两个光谱曲线的差异小，反之则表示光谱曲线相似。包含相同目标的 MSI 和 HSI，因此高光谱图像和多光谱图像的丰度向量的余弦距离和光谱角映射图是正相关的。余弦距离定义如下：

$$A(A_{\mathrm{h}},A_{\mathrm{m}})=1-\frac{1}{N}\sum_{i=1}^{N}\frac{a_{\mathrm{h}}^{i}\cdot a_{\mathrm{m}}^{i}}{\|a_{\mathrm{h}}^{i}\|_{2}\|a_{\mathrm{m}}^{i}\|_{2}}$$

式中：N 代表多光谱图像包含的像元数。因为 HSI 和 MSI 的空间分辨率存在差异，所以为计算余弦距离，对高光谱图像的丰度矩阵$\boldsymbol{A}_{\mathrm{h}}$ 进行双三次插值使$\boldsymbol{A}_{\mathrm{h}}$ 和$\boldsymbol{A}_{\mathrm{m}}$ 具有相同的分辨率。此时，利用余弦距离约束隐藏层$\boldsymbol{A}_{\mathrm{h}}$ 和$\boldsymbol{A}_{\mathrm{m}}$ 的相似程度；余弦距离越小，隐藏层表示越相似。

综上，谱-空约束的耦合网络的目标函数可表示为

$$\underset{\boldsymbol{E},\boldsymbol{A}}{\operatorname{argmin}}\|H_{lr}-\boldsymbol{EAD}\|_{\mathrm{F}}^{2}+\|M-\boldsymbol{REA}\|_{\mathrm{F}}^{2}+\lambda_{1}H_{1}(\boldsymbol{A})+\lambda_{2}\|\boldsymbol{A}\|_{*}+\lambda_{3}|\boldsymbol{A}|_{\mathrm{tvt}}+A(\boldsymbol{A}_{\mathrm{h}},\boldsymbol{A}_{\mathrm{m}})$$

4.3.3 耦合自编码器参数设置

本章利用耦合的自编码器网络从光谱图像预测端元和丰度信息。为避免深度网络可能出现的过拟合现象，在解码器部分应用 L_2 范式作为正则项；可得耦合自编码网络的损失函

数为

$$L(\theta_{\mathrm{he}},h_{\mathrm{d}})=\frac{1}{2}\parallel H_{lr}-\widetilde{H}_{lr}\parallel_F^2+\lambda_1 H_1(\boldsymbol{A}_{\mathrm{h}})+\mu\parallel\boldsymbol{\theta}_d\parallel_2^2$$

$$L(\theta_{\mathrm{me}})=\frac{1}{2}\parallel M-\widetilde{M}\parallel_F^2+\lambda_1 H_1(\boldsymbol{A}_{\mathrm{m}})+\lambda_2\parallel\boldsymbol{A}\parallel_*$$

$$L(\theta_{\mathrm{me}})=D(\boldsymbol{A}_{\mathrm{h}},\boldsymbol{A}_{\mathrm{m}})+\lambda_3\parallel\boldsymbol{A}\parallel_{\mathrm{tvt}}$$

参数 λ_1、λ_2、λ_3 和 μ 用以衡量不同正则项的作用，其值分别为 $\lambda_1=1\times10^{-6}$，$\lambda_2=1\times10^{-6}$，$\lambda_3=0.55$ 以及 $\mu=\mathrm{e}^{-6}$。稀疏约束系数以及 L_2 范式的系数参考 uSDN[49]设置，局部低秩约束以及向量全变差的系数通过实验确定。

本章提出的网络基于 Pytorch 框架实现，利用 Adam 方法优化网络参数，并采用默认参数，分别为 $\beta_1=0.9$，$\beta_2=0.99$。学习率初始值为 10^{-3}，最大迭代次数为 30 000，当损失函数的变化小于预先设定的阈值或者达到最大迭代次数时停止训练。具体的训练过程如下：

根据损失函数迭代优化重构高光谱图像的自编码网络；优化完成后，解码器保留端元信息，表示层保留丰度信息；根据损失函数优化重构多光谱图像的自编码网络；解码器的参数共享第一步中解码器的参数，并在优化过程不再更新，只有编码器的参数进行更新；优化完成后，表示层将生成丰度信息；为减少超分辨图像的光谱失真，每隔 10 次对重构多光谱图像的网络参数进行优化。CAVE 和 Harvard 数据集的端元数设为 10，因此耦合网络的隐藏层具有 10 个节点。耦合网络的具体配置见表 4.1。

表 4.1　耦合网络的层数和节点配置

耦合网络	编码器					解码器	
	层数	节点数	μ	β	v	层数	节点数
HSI	4	31，10，10，10	10	1	10	4	10，10，10，31
MSI	6	3，4，5，7，9，10	10	1	10	4	10，10，10，31

4.4　实验验证及结果分析

4.4.1　数据预处理与实验设置

为验证本章提出的基于谱-空约束的耦合网络的效果，本章在 CAVE 和 Harvard 数据集上进行仿真实验，部分测试图像如图 4.3 所示。数据集中的原始图像作为参考图像(Ground Truth，GT)，用以检验超分辨重建的图像质量。为获得低分辨率的高光谱图像，采用均值下采样的方法对高分辨图像进行下采样；将高分辨率图像划分为互不重叠的 $s\times s$ 的图像块，对每部分计算平均值，作为低分辨图像的像元 H_{lr}^i，s 是超分辨重建的放大因子，本章放大因子为 32；最后添加信噪比为 30 dB 的噪声。多光谱图像则是对高分辨率图像进行光谱降采样处理；利用尼康 D700 型号相机的光谱响应函数沿着光谱维度对参考图像进行积分。为便于计算,所有的图像进行了归一化的操作。

图 4.3 部分测试图像的伪彩色图

选取 CNMF、GSOMP+、BSR、CSU、uSDN 几种算法进行对比实验,所有方法均采用作者公开的源码,并采用相同的数据进行实验。采用均方根误差(RMSE)、均值峰值信噪比(MPSNR)、均值结构相似度(MSSIM)和光谱角映射图(SAM)作为量化评价指标。

4.4.2 超分辨重建效果及分析

1. CAVE 数据集

不同方法在部分测试图像上的超分辨重建的量化结果见表 4.2。比较各方法的量化数据可以看出,本章方法在测试图像上具有最佳的超分辨重建效果。对比最后三列结果,尽管本章方法在测试图像上的部分量化指标没有取得最优值,但和最好的结果比较接近。

表 4.2 CAVE 部分样本的超分辨重建量化结果

样 本	标 准	GSOMP+	CNMF	BSR	CSU	uSDN	本章方法
Balloons	RMSE	2.817 4	3.495 1	4.014 8	2.195 3	1.829 2	**1.474 5**
	MPSNR	42.002 5	37.217 0	37.816 6	42.022 6	42.622 5	**43.126 6**
	MSSIM	0.981 7	0.984 3	0.956 3	0.993 3	0.993 8	**0.994 5**
	SAM	8.363 0	4.146 5	10.833 8	3.852 5	3.352 6	**3.012 8**
cloth	RMSE	6.914 1	6.202 4	6.041 3	4.872 5	4.673 5	**3.822 7**
	MPSNR	31.164 3	31.364 2	33.988 1	33.245 4	33.442 5	**34.642 7**
	MSSIM	0.937 2	0.949 7	0.958 7	**0.969 1**	0.955 4	0.963 5
	SAM	6.611 9	5.297 3	6.232 4	4.612 3	4.802 8	**4.312 5**

续表

样　本	标　准	GSOMP+	CNMF	BSR	CSU	uSDN	本章方法
Photo and face	RMSE	3.095 6	3.116 3	3.909 3	2.635 4	2.001 8	**1.742 6**
	MPSNR	39.982 4	37.855 3	38.572 1	39.638 8	40.156 7	**40.673 5**
	MSSIM	0.978 1	0.959 0	0.973 8	0.973 8	**0.980 2**	0.977 6
	SAM	10.784 9	8.980 3	10.400 0	10.929 0	5.420 6	**5.212 6**

为检验本章算法的鲁棒性，将不同方法在测试图像上进行重建实验，平均重建量化性能见表 4.3。从实验结果看，本章方法在 RMSE 等三种量化指标上具有最好的重建效果；同时，无论是在单独样本或是平均重构结果，本章提出的方法均具有接近或更好的效果。

表 4.3　不同方法在 CAVE 上的平均性能

标　准	GSOMP+	CNMF	BSR	CSU	uSDN	本章方法
RMSE	6.073 0	5.763 3	6.753 5	4.889 7	4.236	**3.780 0**
MPSNR	34.749 7	33.619 0	33.238 4	35.387 1	35.846 3	**36.421 8**
MSSIM	0.949 0	0.952 8	0.938 1	**0.970 8**	0.966 3	0.969 0
SAM	11.297 2	6.264 7	11.252 4	6.389 9	5.892 4	**5.632 9**

分析表 4.3 的量化结果，可以发现基于稀疏表示的方法，如 GSOMP+以及 BSR 超分辨重构生成图像的 SAM 值相比较大，即光谱失真较为严重。基于光谱混合的方法，即其他四种方法的超分辨重建效果相比而言更好。当下采样函数未知时，CNMF 和 CSU 方法在从 MSI 求解端元时约束力下降，导致超分辨重建图像尽管在 SAM 方面提升显著，但是在 PSNR 方面提升并不明显。uSDN 和本章的方法超分辨重建的图像在重构误差和光谱失真相比其他方法都有明显的提高。和 uSDN 方法相比，局部低秩约束和向量总变差约束使本章方法可以有效地避免噪声的影响，在获取端元时能有效利用图像的空间结构性质，从而有效地减少伪影，因此本章的方法能够进一步降低超分辨重建图像的重构误差，并且较好地抑制光谱失真。对 CAVE 数据集中的测试图像而言，本章方法无论是超分辨重建效果还是稳定性方面都比其他的对比方法更好。

为直观展示不同方法的超分辨效果，对数据集中“cloth”的超分辨结果的伪彩色图和差值图单独展示，如图 4.4 所示。其中图 4.4(a)为不同方法的伪彩色图像，选取的波段分别是 460 nm、540 nm 和 620 nm；图 4.4(b)为超分辨重建图像与参考图像的差值图像，由上到下分别是 460 nm、540 nm 和 620 nm。由图 4.4(b)可以看出，本章方法重建效果优势较为明显，且随着波段数的增加，超分辨重建的图像和参考图像差异逐渐增大，主要原因是融合采用的多光谱图像所包含的信息较少。

2. Harvard 数据集

不同方法在 Harvard 图像上的部分超分辨重建的量化结果见表 4.4。从表中可以看出，本章方法在测试图像上具有最佳的重建效果，其中仅"Imge3"在 MPSNR 方面相比 BSR 方法略低。同时，在测试图像上，本章的方法在各量化指标方面的提升，相比在 CAVE 数据集上较为轻微。

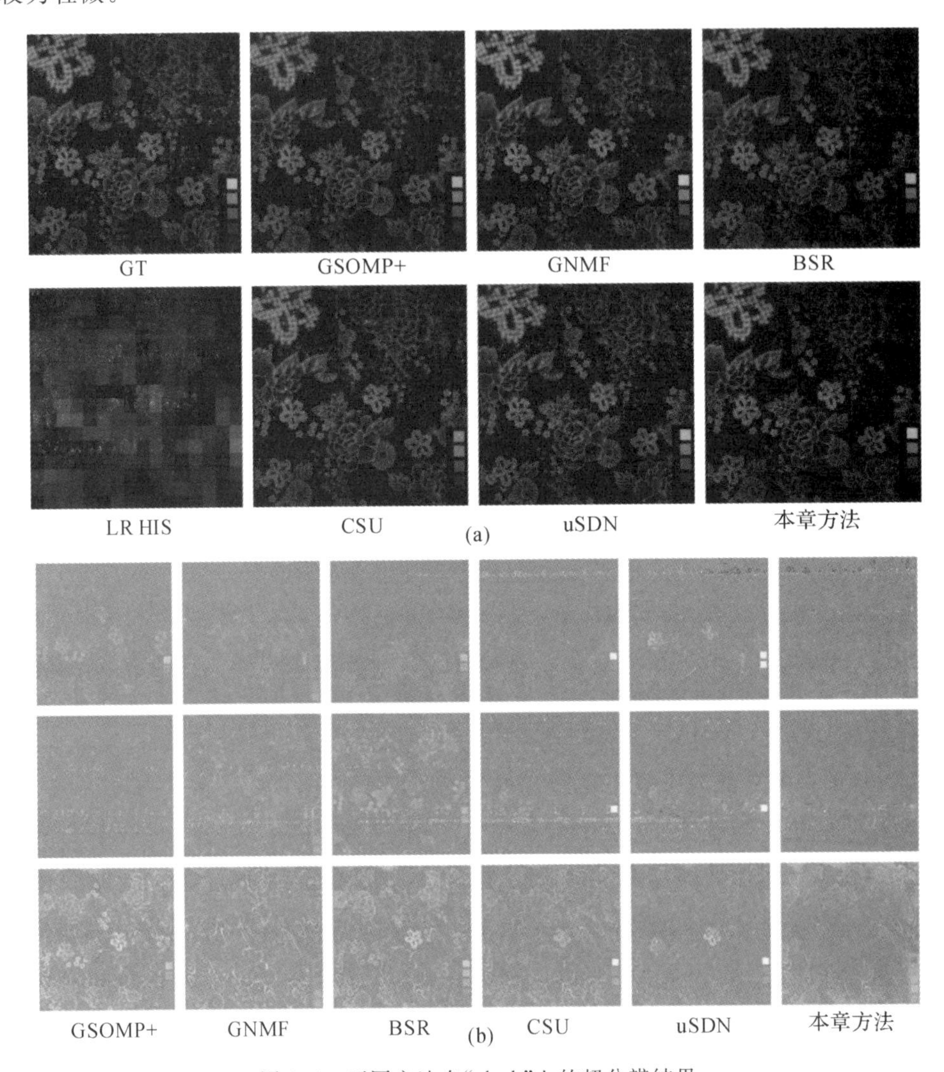

图 4.4 不同方法在"cloth"上的超分辨结果

(a)不同方法超分辨重建的"cloth"伪彩色图；(b)不同方法超分辨重建的"cloth"图像和参考图像的差值图

表 4.4 Harvard 图像上部分样本的超分辨重建结果

样 本	标 准	GSOMP+	CNMF	BSR	CSU	uSDN	本章方法
Img1	RMSE	2.193 4	2.428 1	1.842 3	1.960 5	1.883 5	**1.530 5**
	MPSNR	37.961 6	37.378 2	39.652 6	39.064 2	39.553 2	**40.478 2**
	MSSIM	0.968 2	0.966 5	0.974 1	0.970 8	0.972 4	**0.988 5**
	SAM	2.606 0	2.386 1	2.421 4	2.806 6	2.122 4	**1.884 5**

续表

样　本	标　准	GSOMP+	CNMF	BSR	CSU	uSDN	本章方法
Imgb8	RMSE	6.177	2.581 9	6.212 3	2.547 6	2.289 1	**1.863 5**
	MPSNR	38.269 9	41.027 4	39.328 3	40.928 3	41.683 6	**42.263 7**
	MSSIM	0.961 5	0.982 2	0.967 1	0.983 7	0.985 4	**0.986 9**
	SAM	5.835	2.674 3	6.194 5	2.831	2.488 8	**2.2915**
Imge3	RMSE	4.152 1	2.783 1	2.480 7	3.266 9	2.881 9	**2.260 4**
	MPSNR	37.164 5	39.648 2	**42.009 9**	38.620 9	39.204 0	41.042 8
	MSSIM	0.958 1	0.973 8	0.978 2	0.963 5	0.972 4	**0.981 8**
	SAM	8.183 5	5.174 9	5.664 6	7.186 3	5.017 4	**4.689 4**

为验证算法在 Harvard 测评集的稳定性，所有测试图像的平均超分辨重建的量化结果见表 4.5。比较表 4.5 和表 4.3 的结果可以发现，基于稀疏表示的方法，如 GSOMP+和 BSR 在 Harvard 数据集上重构误差小于在 CAVE 数据集上的重构误差，而且在 CAVE 上光谱失真更加严重。从表 4.5 还可以看出，基于解混的方法通常具有更好的超分辨重建结果，其中 uSDN 和本章方法在各种量化指标方面的性能明显比其他方法要好。与 uSDN 方法相比，本章方法在空间重构误差和光谱保留方面具有更好的结果。通过考虑图像的谱-约束，消除噪声的不良影响，本章方法重建的图像具有更小的空间重构误差，光谱失真也得到明显降低。因此，本章的谱-空约束超分辨方法能够在保留光谱信息的同时，有效提升了图像的空间信息。

表 4.5　不同方法在 Harvard 上的平均性能

标　准	GSOMP+	CNMF	BSR	CSU	uSDN	本章方法
RMSE	4.455 4	2.533 2	3.139 6	2.567 6	2.172 1	**1.933 2**
MPSNR	36.313 8	38.460 7	39.254 6	38.415 4	39.882 6	**40.242 4**
MSSIM	0.965 9	0.975 3	0.973 4	0.973 7	0.742	**0.980 8**
SAM	5.692 7	3.521 6	5.354 1	4.024 8	3.356 6	**3.075 6**

不同方法在“Imgb8”上的重建可视化结果如图 4.5 所示。其中图 4.5(a)为超分辨重建的 HSI 的伪彩色图像，由图像的第 7、15 和 21 波段的图像组成；图 4.5(b)则为上述波段的重建图像和参考图像的差值图像。分析图 4.5(a)中的伪彩色图，可以发现本章方法超分辨重建的图像在细节方面具有更好的效果。对比图 4.5(b)中不同方法的差值图像可以发现，波段变化引起的差值并不相同，随着波段的增加，几乎所有方法重建图像的差值都更加明显。横向比较各差值图像，可以看出在波段 7、21 上，本章方法超分辨重建的图像比其他方法更接近真实图像，但是在波段 15 上效果略差。总体而言，本章方法的超分辨整体重建能力更强。其原因是，谱-空约束和耦合自编码网络能更好地从 HSI 和 MSI 中提取包光谱和空间信息，从而生成的超分辨图像质量更优。

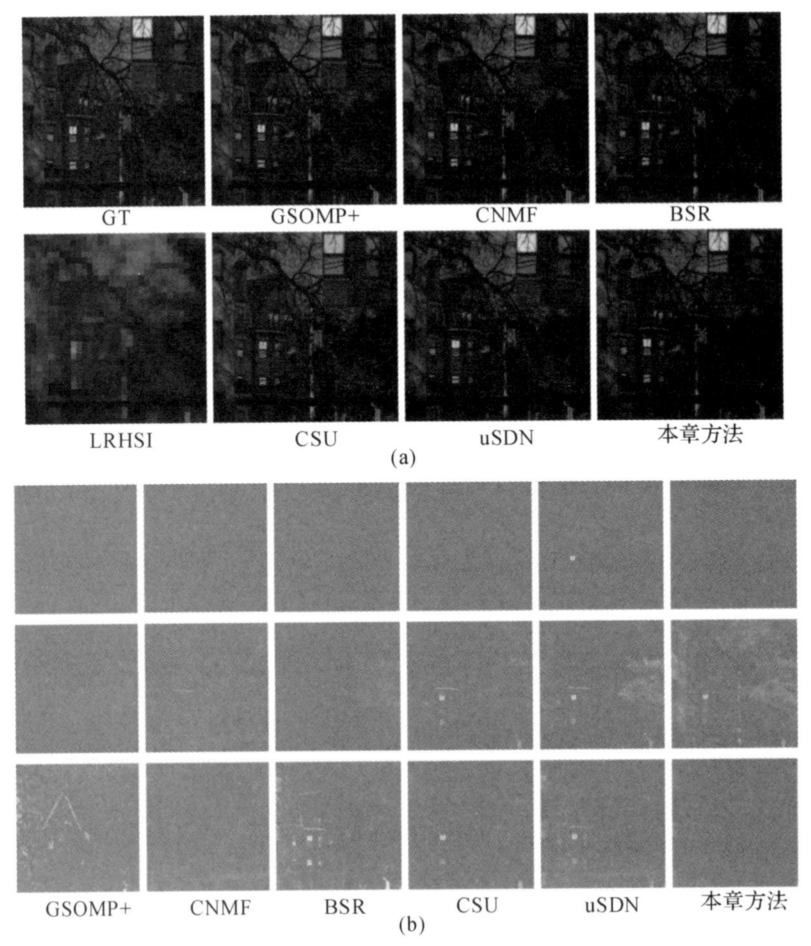

图 4.5　不同方法在“Imgb8”上的超分辨结果

(a)不同方法超分辨重建的“Imgb8”的伪彩色图像；

(b) 不同方法超分辨重建的“Imgb8”的图像与参考图像的差值图

4.5　本章小结

为充分利用图像的光谱和空间信息，本章提出了基于谱-空约束的耦合自编码器解决高光谱图像的超分辨重建问题。此方法利用耦合的自编码器分别从反映同一场景的高光谱和多光谱图像提取端元和丰度信息，最终生成高分辨率的高光谱图像。网络共享的解码器能有效地保留图像的光谱信息；多光谱图像解混时，通过施加的局部低秩约束和向量全变差约束可以利用高分辨率图像的局部相似性和局部平滑特性；耦合网络获得更加稳定的高分辨率图像的丰度矩阵，余弦距离通过约束端元信息可以抑制重构图像的光谱失真。量化结果和可视化结果证明，本章方法充分利用了图像的谱-空特性，具有良好的超分辨重构效果。

第5章 基于多核稀疏表示的高光谱图像高精度地物分类

5.1 概　　述

高光谱图像使用几十乃至几百个光谱通道进行遥感成像，能够使不同材质或相同材质不同结构的地物呈现出差异，可以获得对地面信息精细描述，使得高光谱图像较其他遥感图像具有更强的识别的能力。然而，维数众多的光谱信息并不会直接导致高的解译精度。一方面谱通道的高度相关性和像元的高维性，给数据分析带来困难；另一方面高光谱遥感成像过程中容易受各种因素干扰，从而给准确分类带来困难。

由于谱-空分类方法能够充分挖掘和利用数据的先验信息，对高光谱图像的识别具有明显的提升作用，因此谱-空联合分类获得了广泛关注。如有研究人员使用联合稀疏表示模型，通过邻域内像元同时用字典线性表示的方式融合像元的空间信息，提高了分类结果图的平滑性。再比如通过特征加权的方式融合光谱特征和空间特征，并且提出使用多核学习方法在核空间内融合谱-空信息取得了较好的应用结果。此外，使用复合核的方式分别构建一个空间核和一个光谱核，使用核稀疏表示分类作为基础分类器，实现了空谱信息在分类器内的融合，也有助于分类精度的提升。

近年来多尺度分析理论不断完善，通过在多个尺度空间对高光谱图像进行分析，可以更好地利用像元的空间信息，从而获得更好的分类效果。比如在对高光谱像元进行稀疏表示时使用多尺度分割的方式，较单一尺度有更好的效果，但在分类结果进行融合时空间信息利用还不够充分。为了充分利用像元的空间信息和光谱信息，本章研究提出多核融合多尺度特征的高光谱图像稀疏表示分类方法。通过在不同尺度空间上融合邻域内像元的光谱信息，提取出多尺度特征，并使用多核方法在核稀疏表示框架内进行特征融合。在此基础上，根据子核与理想核以及子核之间的关系求解核权重，空间信息和光谱信息得到更加有效的利用。

5.2 基于稀疏表示的分类方法

5.2.1 稀疏表示分类

按照稀疏表示理论，数据在过完备字典下总是存在稀疏表示，即重构系数大部分为零，使用字典少量非零项即可对数据进行重构。稀疏表示分类（Sparse Representation Classification，SRC）方法使用训练样本作为过完备字典，将未知类别样本使用字典进行线性稀疏表示，根据测试样本对每一类别的重构误差确定其类别。

首先对样本数据在所有维度上进行归一化，以克服不同维度间尺度的影响，在训练数据上构建字典：

$$\mathbf{A}=[\boldsymbol{x}_1,\boldsymbol{x}_2\cdots,\boldsymbol{x}_N]\in\mathbf{R}^{d\times N}$$

式中：d 为数据维度；N 为训练样本个数。对未知类别的待分类像元 $y\in\mathbf{R}_d$ 使用字典以如下式进行线性表示：

$$\boldsymbol{y}=\boldsymbol{x}_1\alpha_1+\boldsymbol{x}_2\alpha_2+\cdots+\boldsymbol{x}_N\alpha_N=\mathbf{A}\boldsymbol{\alpha}$$

为了使求解出的表示向量 $\boldsymbol{\alpha}$ 尽可能稀疏，在目标函数中需要对其施以 l_0 范数约束，同时还要约束重构误差，需要求解以下优化问题：

$$\hat{\boldsymbol{a}}=\underset{\alpha}{\arg\min}\|\boldsymbol{\alpha}\|_0$$

使得：
$$\|\boldsymbol{y}-\mathbf{A}\alpha\|_2\leqslant\varepsilon$$

由于 l_0 范数难以求解，因此通常以 l_1 范数近似代替：

$$\hat{\boldsymbol{a}}=\underset{\alpha}{\arg\min}\|\boldsymbol{\alpha}\|_1$$

使得：
$$\|\boldsymbol{y}-\mathbf{A}\boldsymbol{\alpha}\|_2\leqslant\varepsilon$$

然后使用求得的稀疏向量 $\boldsymbol{\alpha}$ 按照类别在字典上对测试样本进行 y 重构，计算 y 对每一类别的重构误差：

$$e_c=\|\boldsymbol{y}-\mathbf{A}_c\hat{\boldsymbol{\alpha}}_c\|_2$$

其中，$\hat{\boldsymbol{\alpha}}_c$ 表示选择稀疏向量 $\hat{\boldsymbol{\alpha}}$ 中 c 类的系数，并将其余系数置零。选择重构误差最小的一类最为待测样本 y 的类别：

$$\text{Class}(\boldsymbol{y})=\underset{c}{\arg\min}\,e_c$$

5.2.2 核稀疏表示分类

核方法隐含了一个从原始空间中的映射到高维特征空间的映射，使得在原始空间中的线性不可分问题在高维特征空间中变得线性可分。将核方法应用于稀疏表示，则产生了核稀疏表示分类(Kernel Sparse Representation Classification,KSRC)。

将测试样本 y 和训练样本集 $\boldsymbol{A}$ 使用核函数所隐含的非线性映射 $\varphi(\cdot)$ 表示,KSRC 可以转化为以下 l_1 范数最小化问题:

$$\hat{\boldsymbol{\alpha}}=\underset{\alpha}{\operatorname{argmin}}\|\varphi(\boldsymbol{y})-\varphi(\boldsymbol{A})\boldsymbol{\alpha}\|_2$$

使得:

$$\|\boldsymbol{\alpha}\|_0\leqslant\varepsilon$$

其中,$\varphi(\boldsymbol{A})=[\boldsymbol{\varphi}(\boldsymbol{x}_1),\boldsymbol{\varphi}(\boldsymbol{x}_2),\cdots,\boldsymbol{\varphi}(\boldsymbol{x}_N)]$。

然后使用求得的稀疏向量 $\hat{\boldsymbol{\alpha}}$ 按照类别在字典上对测试样本进行 y 重构,计算 y 对每一类别的重构误差,选择重构误差最小的一类作为待测样本 y 的类别。

5.3 面向高光谱图像的多核稀疏表示分类算法

由于在高光谱成像过程中容易受各种因素影响,可能存在同谱异质和同质异谱的现象,因此单纯依靠光谱信息分类效果不佳,空谱结合的分类方式目前已经广泛应用。本章使用多尺度的空谱特征提取的方式,在不同尺度空间内融合像元邻域内其他像元的光谱特征,使用多核方法融合多尺度特征,使用多核稀疏表示分类器得到地物的分类图。高光谱图像多核分类过程如图 5.1 所示。

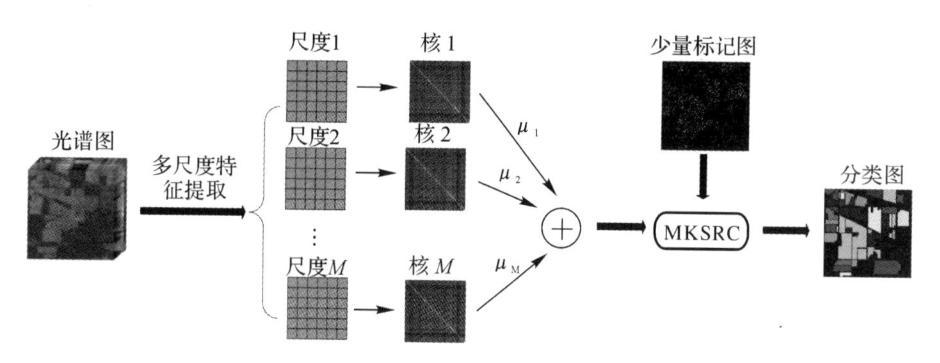

图 5.1　高光谱图像多核分类过程

5.3.1　多尺度空谱特征提取

为了在分类过程中更好地融合空间信息,本章在不同尺度下对高光谱图像进行空谱特征提取。使用不同大小的滤波核在每一维度上对高光谱图像进行二维空间滤波,然后将三维矩阵进行拉伸变换得到一个按行为像元,按列为光谱的二维矩阵。使用 PCA 白化数据,维度不变,去除不同维光谱之间的相关性。将得到的 d 维特征按特征值由大至小的顺序排列,按顺序对特征加权,排序靠前的施以较大权值,排序靠后的施以较小权值。加权方式为

$$\boldsymbol{x}_{:,j}=I_{:,j}\times\left(2-\frac{j}{d}\right)$$

式中：$I_{:,j}$ 为 PCA 白化之后的第 j 维特征，对每一维度进行加权之后即得该尺度下的空谱特征。图 5.2 所示为滤波核为 3×3 时的特征提取过程。

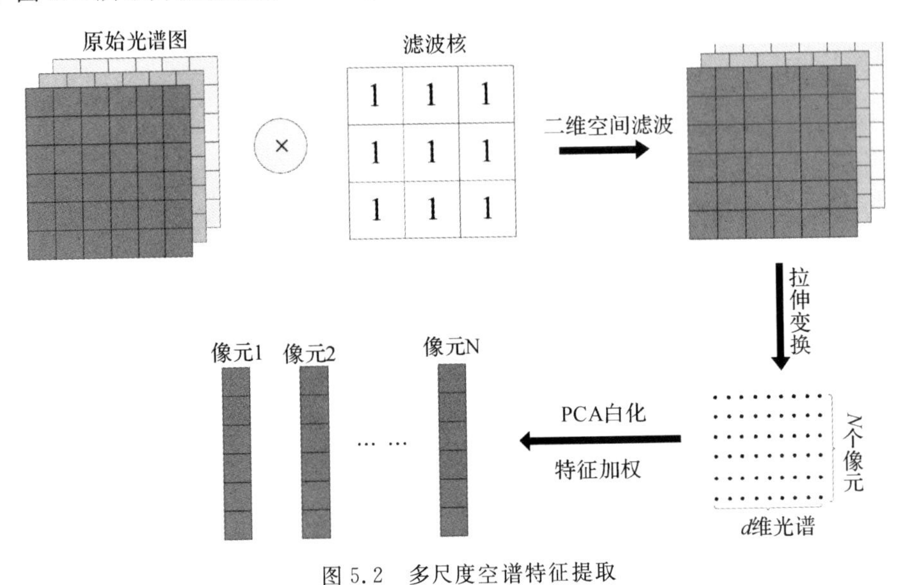

图 5.2　多尺度空谱特征提取

5.3.2　多核稀疏表示分类

核方法隐含从原始空间到高维空间的映射，从而在高维空间上获得更优的解。本章使用多核稀疏表示对高光谱图像分类，一方面避免了核函数选择的问题，在分类时算法自动学习一个最优的核，从而提高分类精度，另一方面使用多个核分别对多个特征表示，从而实现了在分类器内的特征融合。

核化的稀疏表示算法将向量间的内积运算以核运算 $k(\cdot,\cdot)$ 取代，如下式所示：

$$k_m(\boldsymbol{x}_i^m,\boldsymbol{x}_j^m)=\langle\boldsymbol{\varphi}(\boldsymbol{x}_i^m),\boldsymbol{\varphi}(\boldsymbol{x}_j^m)\rangle$$

多个核以加权方式组合为 $K(\cdot,\cdot)$：

$$K(\boldsymbol{x}_i,\boldsymbol{x}_j)=\sum_m \mu_m k_m(\boldsymbol{x}_i^m,\boldsymbol{x}_j^m)$$

设 $\boldsymbol{x}_i(i=1,2,\cdots,N)$ 为已知标记的训练集，y 为未知标记的待分类像元。在特征空间中像元 y 由训练集所组成的字典 $\mathbf{A}$ 线性表示，此时新的优化问题为

$$\hat{\boldsymbol{\alpha}}=\underset{\alpha}{\arg\min}\|\boldsymbol{\alpha}\|_1$$

使得：

$$\|\Phi(\boldsymbol{y})-\Phi(\mathbf{A})\boldsymbol{\alpha}\|_2\leqslant\varepsilon$$

其中，$\boldsymbol{\Phi}(\mathbf{A})=[\Phi(\boldsymbol{x}_1),\Phi(\boldsymbol{x}_2),\cdots,\Phi(\boldsymbol{x}_N)]$。

由于 $\Phi(\cdot)$ 为合成核 $K(\cdot,\cdot)$ 所隐含的数据在高维特征空间的映射，不能直接计算。上式可以转化为

$$\hat{\boldsymbol{\alpha}}=\underset{\alpha}{\arg\min}\|\boldsymbol{\alpha}\|_1$$

使得

$$\|\Phi(\mathbf{A})^{\mathrm{T}}\Phi(\boldsymbol{y})-\Phi(\mathbf{A})^{\mathrm{T}}\Phi(\mathbf{A})\boldsymbol{\alpha}\|_2\leqslant\delta$$

其中

$$\boldsymbol{\Phi}(\boldsymbol{A})^{\mathrm{T}}\boldsymbol{\Phi}(\boldsymbol{y})=[\varphi(\boldsymbol{x}_1),\varphi(\boldsymbol{x}_2),\cdots,\varphi(\boldsymbol{x}_N)]\varphi(\boldsymbol{y})=\begin{bmatrix}K(\boldsymbol{x}_1,\boldsymbol{y})\\K(\boldsymbol{x}_2,\boldsymbol{y})\\\vdots\\K(\boldsymbol{x}_N,\boldsymbol{y})\end{bmatrix}$$

$$\boldsymbol{\Phi}(\boldsymbol{A})^{\mathrm{T}}\boldsymbol{\Phi}(\boldsymbol{A})=\begin{bmatrix}K(\boldsymbol{x}_1,\boldsymbol{x}_1) & K(\boldsymbol{x}_1,\boldsymbol{x}_2) & \cdots & K(\boldsymbol{x}_1,\boldsymbol{x}_N)\\K(\boldsymbol{x}_2,\boldsymbol{x}_1) & K(\boldsymbol{x}_2,\boldsymbol{x}_2) & \cdots & K(\boldsymbol{x}_2,\boldsymbol{x}_N)\\\vdots & \vdots & & \vdots\\K(\boldsymbol{x}_N,\boldsymbol{x}_1) & K(\boldsymbol{x}_N,\boldsymbol{x}_2) & \cdots & K(\boldsymbol{x}_N,\boldsymbol{x}_N)\end{bmatrix}$$

令

$$C=\boldsymbol{\Phi}(\boldsymbol{A})^{\mathrm{T}}\boldsymbol{\Phi}(\boldsymbol{y})$$

则优化问题转化为

$$\hat{\boldsymbol{\alpha}}=\underset{\boldsymbol{\alpha}}{\operatorname{argmin}}\|\boldsymbol{\alpha}\|_1$$

使得：
$$\|\boldsymbol{C}-\boldsymbol{D}\boldsymbol{\alpha}\|_2\leqslant\delta$$

其中 $\boldsymbol{C}\in\mathbf{R}^{N\times1}$，$\boldsymbol{D}\in\mathbf{R}^{N\times N}$，$\alpha\in\mathbf{R}^{N\times1}$。因此上式是典型的 l_1 范数最小化问题，有很多成熟的算法可以对其求解。

根据解得的稀疏向量 $\hat{\boldsymbol{\alpha}}$，像元 y 对每一类别的重构误差可由下式求得，误差最小的一类即为像元 y 的类别。

$$\begin{aligned}e_c&=\|\boldsymbol{\Phi}(\boldsymbol{y})-\boldsymbol{\Phi}(\boldsymbol{A}_c)\hat{\boldsymbol{\alpha}}_c\|_2\\&=K(\boldsymbol{y},\boldsymbol{y})+\hat{\boldsymbol{\alpha}}_c^{\mathrm{T}}K(\boldsymbol{A}_c,\boldsymbol{A}_c)\hat{\boldsymbol{\alpha}}_c-2\hat{\boldsymbol{\alpha}}_c^{\mathrm{T}}K(\boldsymbol{y},\boldsymbol{A}_c)\end{aligned}$$

$$\mathrm{Class}(\boldsymbol{y})=\underset{c}{\operatorname{argmin}}\,e_c$$

5.3.3　多核权重求解

本章采用多核线性加权的方式进行组合，因此需要在分类前确定多核加权的权重系数 $\boldsymbol{\mu}$。核目标度量(KTA)是一种有效的核函数评估方法，可以用来对多核组合模型进行求解，具有快速、准确的特点。本章使用中心化的核目标度量(Centered KTA, CKTA)求解核权重系数。因此优化的目标在于使合成核 $\boldsymbol{K}$ 与理想核 $\boldsymbol{Y}$ 之间的 CKTA 值最大化。CKTA 的计算方法如下：

$$\mathrm{CKTA}(\boldsymbol{K},\boldsymbol{Y})=\frac{\langle\boldsymbol{K},\boldsymbol{Y}\rangle_F}{\sqrt{\langle\boldsymbol{K},\boldsymbol{K}\rangle_F}\sqrt{\langle\boldsymbol{Y},\boldsymbol{Y}\rangle_F}}$$

其中

$$\langle\boldsymbol{K}_p,\boldsymbol{K}_q\rangle_F=\sum_{i,j}\boldsymbol{K}_p(\boldsymbol{x}_i^p,\boldsymbol{x}_j^p)\cdot\boldsymbol{K}_q(\boldsymbol{x}_i^q,\boldsymbol{x}_j^q)$$

记训练样本 $\boldsymbol{x}_i$ 的类别为 l_i，则在该训练集上的理想核 $\boldsymbol{Y}$ 可以通过下式计算：

$$\boldsymbol{Y}_{ij}=\begin{cases}+1, l_i=l_j\\-1, l_i\neq l_j\end{cases}$$

以向量 $\boldsymbol{a}$ 表示子核与理想核之间的距离，以矩阵 $\boldsymbol{S}$ 表示子核之间的关系为

$$\boldsymbol{a}=(\langle \boldsymbol{K}_1,\boldsymbol{YY}^{\mathrm{T}}\rangle_F,\cdots,\langle \boldsymbol{K}_M,\boldsymbol{YY}^{\mathrm{T}}\rangle_F)$$

$$\boldsymbol{S}_{ij}=\langle \boldsymbol{K}_i,\boldsymbol{K}_j\rangle_F$$

通过解一个二次规划问题，解得向量 $\boldsymbol{v}$。将向量 $\boldsymbol{v}$ 标准化，即为各个子核对应的权重，具体求解方式如下：

$$\boldsymbol{v}^*=\underset{v\geqslant 0}{\operatorname{argmin}}\boldsymbol{v}^{\mathrm{T}}\boldsymbol{S}\boldsymbol{v}-2\boldsymbol{v}^{\mathrm{T}}\boldsymbol{a}$$

$$\boldsymbol{\mu}=\boldsymbol{v}^*/\|\boldsymbol{v}^*\|$$

5.3.4 算法流程

使用本章算法对高光谱图像进行地物分类过程可总结为如下步骤，详见表 5.1。

表 5.1 高光谱图像多核稀疏表示分类算法流程

步骤 1：	对高光谱图像进行多尺度特征提取，并将样本分为训练集与测试集；
步骤 2：	在每个特征上对训练集计算核矩阵 $\boldsymbol{K}_1,\boldsymbol{K}_2,\cdots,\boldsymbol{K}_M$；
步骤 3：	按照 $\boldsymbol{a}=(\langle \boldsymbol{K}_1,\boldsymbol{YY}^{\mathrm{T}}\rangle_F,\cdots,\langle \boldsymbol{K}_M,\boldsymbol{YY}^{\mathrm{T}}\rangle_F)$，$\boldsymbol{S}_{ij}=\langle \boldsymbol{K}_i,\boldsymbol{K}_j\rangle_F$ 计算子核与理想核间距离 a 和子核间关系 $\boldsymbol{S}$；
步骤 4：	求解二次规划问题 $\boldsymbol{v}^*=\underset{v\geqslant 0}{\operatorname{argmin}}\ \boldsymbol{v}^{\mathrm{T}}\boldsymbol{S}\boldsymbol{v}-2\ \boldsymbol{v}^{\mathrm{T}}\boldsymbol{a}$，并归一化得到核权重系数 $\boldsymbol{\mu}$；
步骤 5：	按照式 $K(\boldsymbol{x}_i,\boldsymbol{x}_j)=\sum_m \mu_m k_m(\boldsymbol{x}_i^m,\boldsymbol{x}_j^m)$ 计算合成核矩阵 $\boldsymbol{K}$；
步骤 6：	对每一测试集像元 y 解 l_1 范数最小化问题，得稀疏向量 $\hat{\boldsymbol{\alpha}}$；
步骤 7：	计算 y 对每一类的重构误差，并选择误差最小的一类作为 y 的预测值。

5.4 实验验证及结果分析

5.4.1 实验数据与实验设置

为验证本章算法性能，使用两幅经典的高光谱图像 Indian Pines 和 Pavia University 进行实验。实验过程中，从每类地物中随机抽取固定比例的像元作为训练集，其余作为测试集，为克服随机抽样对分类精度产生的影响，每种实验条件下重复 10 次实验，以平均值作为实验结果。使用总体分类精度(OA)、平均分类精度(AA)和 Kappa 系数三个指标作为评价标准。总体分类精度是指正确分类的样本数目与总体样本数目的比值，平均分类精度是指

各类分类精度的平均值。记 C 为类别数，N 为样本数，N_i 为第 i 类的样本数，M 为实验得到的混淆矩阵，$\boldsymbol{OA}$、$\boldsymbol{AA}$ 以及 Kappa 系数计算方式如下所示：

$$\boldsymbol{OA} = \sum_{i=1}^{C} \boldsymbol{M}_{ii} / N$$

$$\boldsymbol{AA} = \frac{1}{C} \sum_{i=1}^{C} (\boldsymbol{M}_{ii} / N_i)$$

$$\text{Kappa} = (N(\sum_{i=1}^{C} \boldsymbol{M}_{ii}) - \sum_{i=1}^{C} (\sum_{j=1}^{C} \boldsymbol{M}_{ij} \sum_{j=1}^{C} \boldsymbol{M}_{ji})) / (N^2 - \sum_{i=1}^{C} (\sum_{j=1}^{C} \boldsymbol{M}_{ij} \sum_{j=1}^{C} \boldsymbol{M}_{ji}))$$

实验中选择 SVM、PCA＋SVM、MKSVM、SRC、JSRC、MKSRC 作为对比。在使用本章算法进行分类时，分别使用 1×1、3×3、5×5、7×7、9×9、11×11 以及 13×13 共 7 个尺度进行特征提取，每个特征使用一个高斯核进行表示。

实验中 SVM 分类器使用高斯核，使用一对多的方式解决多分类问题，选择置信概率最大的一类作为分类结果。使用 PCA 降维时将光谱维度降至 50 维，再用 SVM 进行分类。MKSVM 使用高斯核＋多项式核。MKSRC 选择空间核＋光谱核进行实验。为了了解空间信息对于分类效果的影响，在实验中还只使用像元的 (x, y) 坐标，不使用任何光谱信息，使用 SVM 分类器进行了实验(Spatial)。实验中的分类器参数通过交叉验证选择最优参数进行对比实验。

5.4.2　Indian Pines 数据集

鉴于 Indian Pines 数据集空间分辨率较低，不同类别的样本数量分布非常不均匀，且农作物种类较多且相似性较强，因此比较难以对其识别和分类，在实验中的训练集大小定为总样本数量的 10%，通过在每类样本中随机选取的方式选择训练集，其余 90%样本为测试集，图 5.3 所示为随机生成的训练集和测试集。

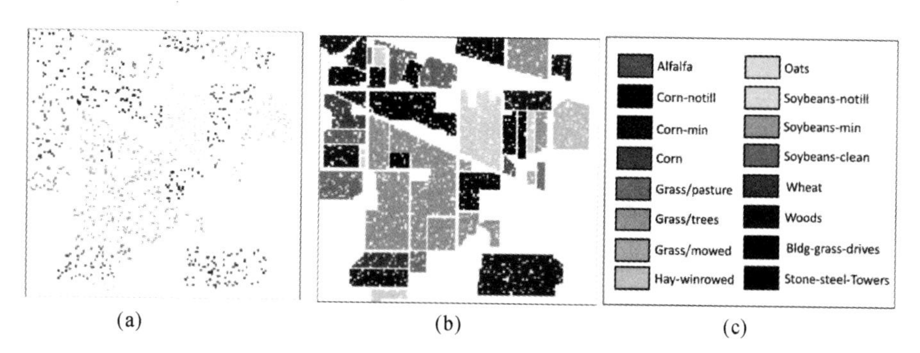

图 5.3　数据集的训练集和测试集

(a)训练集；(b)测试集；(c)地物类别

在进行对比实验之前，首先使用提取到的不同尺度的特征进行实验，观察空间融合的尺度大小对分类效果的影响。使用 1×1，3×3，7×7 和 13×13 尺度特征的实验结果分别如图

5.4～图 5.6 所示，多尺度融合的分类结果如图 5.7 所示。

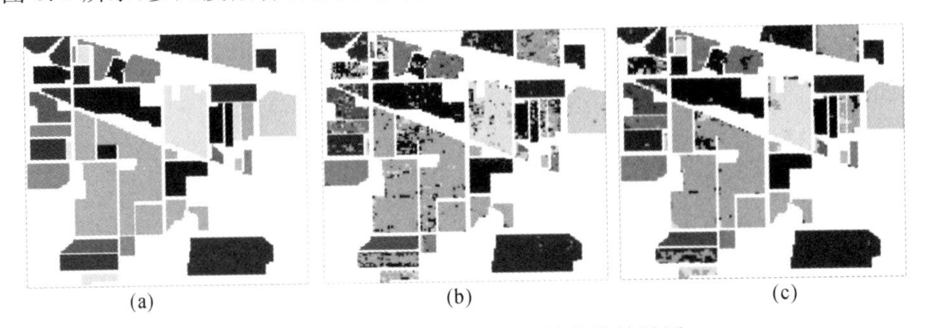

图 5.4　尺度为 1×1 和 3×3 的分类结果图

(a)实际地物；(b)1×1 分类结果；(c) 3×3 分类结果

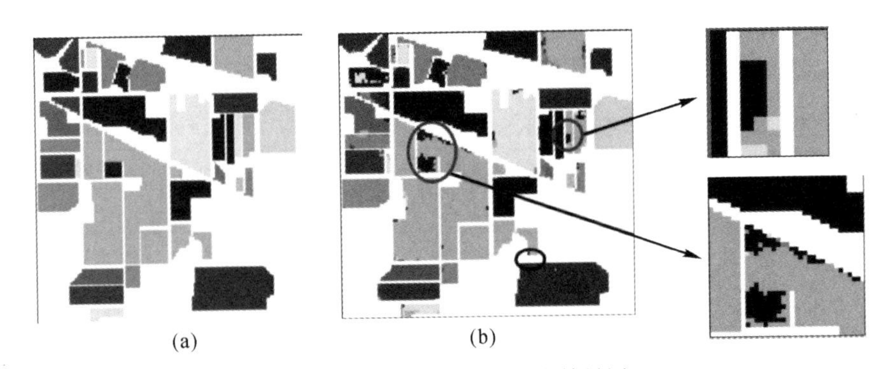

图 5.5　尺度为 7×7 的分类结果图

(a)实际地物；(b)分类结果

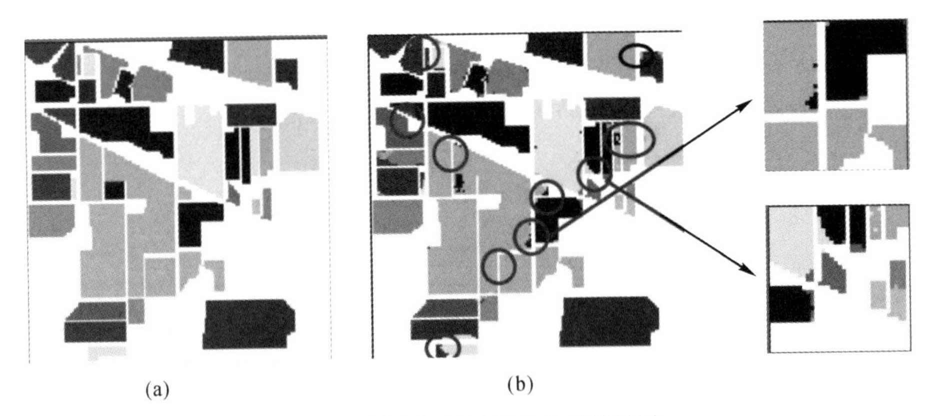

图 5.6　尺度为 13×13 的分类结果图

(a)实际地物；(b)分类结果

从图 5.4 可以看出，使用尺度 1×1 的特征进行分类，效果非常不理想，分类结果图中存在大量的孤立的错分点。尺度为 1×1 的特征实际上并不包含邻域空间的信息，高光谱图像的空间信息得不到任何利用，从而导致分类结果不理想。而尺度为 3×3 的特征则有了一定程度的提高，许多孤立的错分点受周边样本的影响被纠正过来，分类结果图变得相对平滑，但是椒盐状的错分点依然比较明显。

从图 5.5 可以看出,孤立的错分点已经大幅减小,分类结果图变得更加平滑,但这些椒盐状的错分点依然在很多区域存在。同时在部分区域已经出现了另外一种情况,原本可以正确分类的点由于受到周边样本的影响而被错分,这是空间信息利用过度的一种表现,这跟普通图像的去噪和去模糊存在矛盾的道理类似,要想得到更好的分类结果需要平衡利用光谱信息和空间信息。

图 5.6 为进一步增大特征提取时的滤波核尺度为 13×13 的分类结果图,从图中可以看出椒盐状的孤立错分点基本上被消除,但是图中曲线框内的错分情况变得更加严重。许多原本可以正确分类的样本,由于在滤波过程中受到周边样本的影响过大,被错误地划分为周边样本的类别。从图中部分曲线框的放大图中可以清晰地观察到这种情况,在许多不同类别的交界处,一种地物“侵入”另一种类别的地物中。

图 5.7 为使用多核稀疏表示融合多尺度特征的分类结果图,从图中可以看出其分类结果融合了大尺度和小尺度的优点,图像比较平滑,基本上消除了椒盐状的错分点,同时受周边样本影响而错分的样本并不是很多。仔细观察发现部分区域仍然存在受周边样本影响而错分的情况,说明本节提出的算法仍有进一步提升的空间。

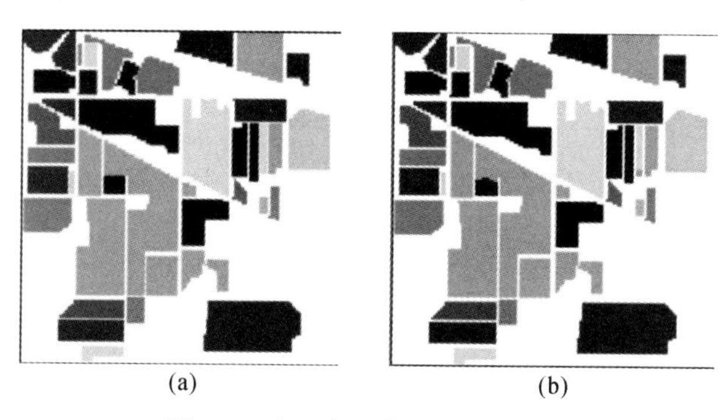

图 5.7　多尺度融合的分类结果图

(a)实际地物;(b)分类结果

按照相同的方式选择训练集和测试集,使用基准算法与本章多核融合多尺度特征的方法进行对比实验结果如图 5.8 所示。

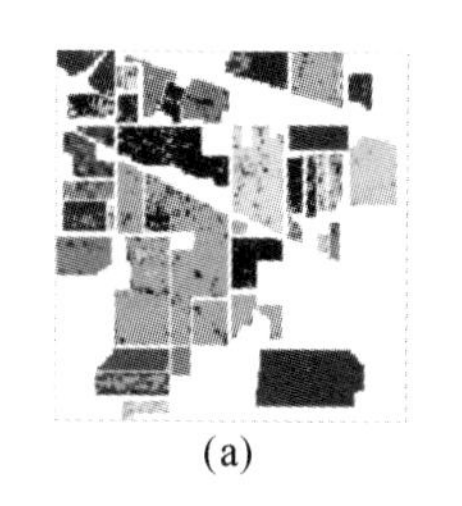

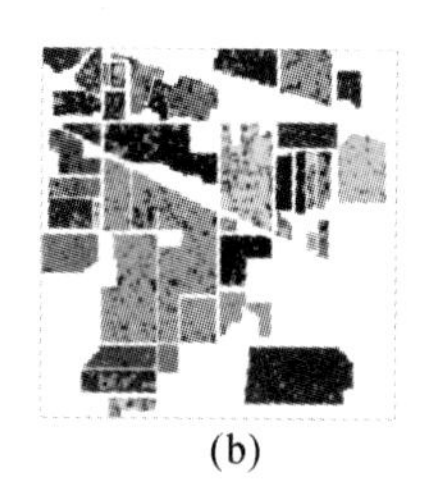

图 5.8　Indian Pines 图像分类结果

(a)SVM;(b)SRC;(c)PCA+SVM;(d)MKSVM

从图 5.8 可以看出,使用 SVM[见图 5.8(a)]和 SRC 分类器[见图 5.8(b)],大部分像元可以正确分类,但是每类地物中都有很多孤立的点被错分。使用 PCA 降维[见图 5.8

(e)

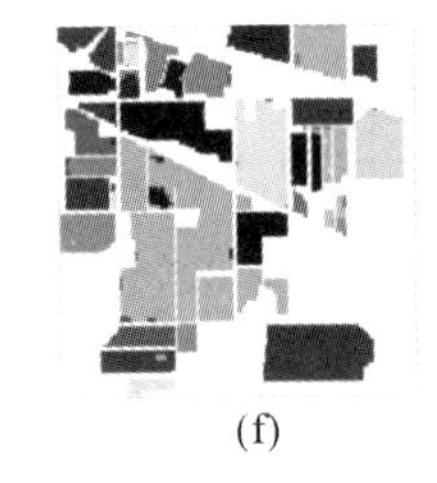
(f)

(g)

(h)

续图 5.8　Indian Pines 图像分类结果

(e)Spatial;(f)JSRC;(g)MKSRC;(h)Proposed

(c)]和多核方法[见图 5.8(d)]效果略有提高，但分类图中依然存在很多错分的孤立点，说明单纯的谱分类方法并不能很好地解决高光谱图像分类问题。图 5.8(e)～(h)在分类过程中均考虑了空间信息，得到分类图较为平滑，分类精度也得到提高。然而这四种方法都出现了个别像元受周边异类地物影响导致被错分的现象，这也是空谱联合分类所普遍存在的缺陷。为了更好地对实验结果进行分析，将每类地物的分类精度和总体分类精度等指标在表 5.2 中详细列出。

表 5.2　Indian Pines 图像分类精度表

Class	Train	Test	SVM	SRC	PCA	MKSVM	Spatial	JSRC	MKSRC	Proposed
Alfalfa	5	41	54.35	36.96	50.00	78.26	100.00	**100.00**	97.83	**100.00**
Corn-notill	143	1 285	78.99	76.05	78.71	86.97	97.90	97.20	97.69	**98.74**
Corn-min	83	747	72.89	65.18	65.78	77.83	98.92	92.05	97.95	**98.07**
Corn	24	213	56.12	71.31	68.78	79.75	97.47	98.31	96.20	**100.00**
Grass/pasture	48	435	87.37	83.44	87.78	94.41	**100.00**	97.10	98.96	**100.00**
Grass/trees	73	657	95.62	90.27	95.89	98.08	99.45	99.73	100.00	**100.00**
Grass/mowed	3	25	32.14	71.43	46.43	78.57	**100.00**	96.43	96.43	**100.00**
Hay-winrowed	48	430	97.91	92.05	97.70	98.95	**100.00**	**100.00**	**100.00**	**100.00**
Oats	2	18	55.00	80.00	50.00	90.00	**100.00**	75.00	**100.00**	**100.00**
Soybeans-notill	97	875	77.47	52.88	82.51	86.52	95.58	90.84	96.30	**100.00**
Soybeans-min	246	2 209	84.56	81.22	83.58	87.94	99.06	97.43	98.86	**99.59**
Soybeans-clean	59	534	76.39	54.97	79.26	85.67	97.98	93.59	94.94	**100.00**
Wheat	21	184	99.02	88.78	98.05	99.02	91.22	**100.00**	99.51	**100.00**
Woods	127	1 138	95.65	88.06	94.47	97.00	99.92	99.60	**100.00**	**100.00**
Bldg-grass-drives	39	347	60.62	64.25	72.28	75.39	**100.00**	93.52	98.70	**100.00**
Stone-steel-Towers	9	84	82.80	77.42	86.02	84.95	95.70	87.10	**100.00**	98.92
OA			81.09	73.46	81.15	85.13	98.37	96.05	98.20	**99.51**
AA			75.43	73.39	77.33	87.46	98.32	94.86	98.33	**99.71**
Kappa			0.789	0.707	79.070	0.834	0.981	0.955	0.979	**0.994**

Indian Pines 图像存在非常明显的不均衡现象，Oats 和 Grass/mowed 分别只有 20 和 28 个像元，而 Soybeans-min 则共有 2 455 个像元。在分类过程中这些小样本的地物很难正确分类。从表 5.2 可以看出使用 SVM 进行分类时，这两类地物的分类精度只有 32% 和 55%，大大拉低了平均分类精度（AA）。使用 PCA 降维后的分类精度提升并不明显，说明使用简单的线性降维并不能有效解决高光谱图像高维度的问题。JSRC 和 MKSRC 均为空谱联合分类方法，由于考虑了空间信息，因此分类精度有了明显提高。本章还专门进行了只使用空间信息的分类实验（Spatial），取得了意想不到的效果，总体分类精度高达 98.37%，甚至超过了两种空谱联合分类方法（JSRC 和 MKSRC），说明空间信息在地物分类过程中是非常有用的，而 JSRC 和 MKSRC 对空间信息的利用并不充分。本章算法通过多尺度特征提取，并且用多核在分类器内进行有效融合，使得空间信息和光谱信息得到充分利用，取得 99.51% 分类精度，并且对于小样本的分类结果也很出色。

5.4.3　Pavia University 数据集

Pavia University 图像包含 42 776 个带标记像元、9 种地物，实验数据较为丰富，分布也较 Indian Pines 图像均衡，因此分类也较 Indian Pines 容易，因此在实验过程中训练集占所有已标记像元的比例调整为 3%。此外 Pavia University 图像同类地物分布较为分散，这对于空谱联合分类可能会产生不利影响。随机生成的训练集和测试集如图 5.9 所示。

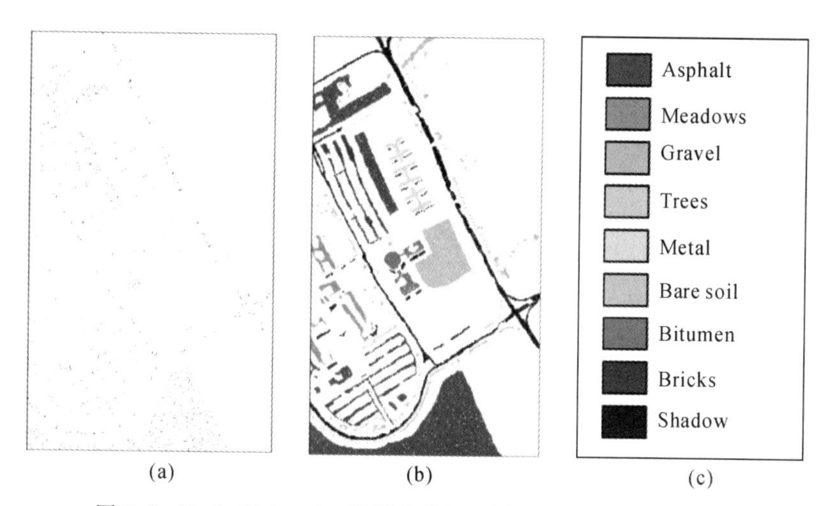

图 5.9　Pavia University 数据集使用不同尺度特征的分类结果

(a)训练集；(b)测试集；(c)地物类别

首先使用不同尺度特征对其进行训练和分类，分类结果图如图 5.10 所示：

观察图 5.10 可以得到和在 Indian Pines 数据集上类似的结论。当使用小尺度滤波核提取的特征进行分类时高光谱图像的空间信息利用不够充分，导致分类结果图中出现了许多椒盐状的孤立错分点，分类结果不是理想。随着特征尺度的增大，分类结果图变得越来越平滑，一些孤立的错分点不断地被纠正过来，但随之而来的是空间信息的利用过度，一些原本可以正确分类的点由于受到周边样本的影响而被错分。多尺度特征融合的方式，可以更好地平衡数据的光谱信息和空间信息，得到更好的分类结果。

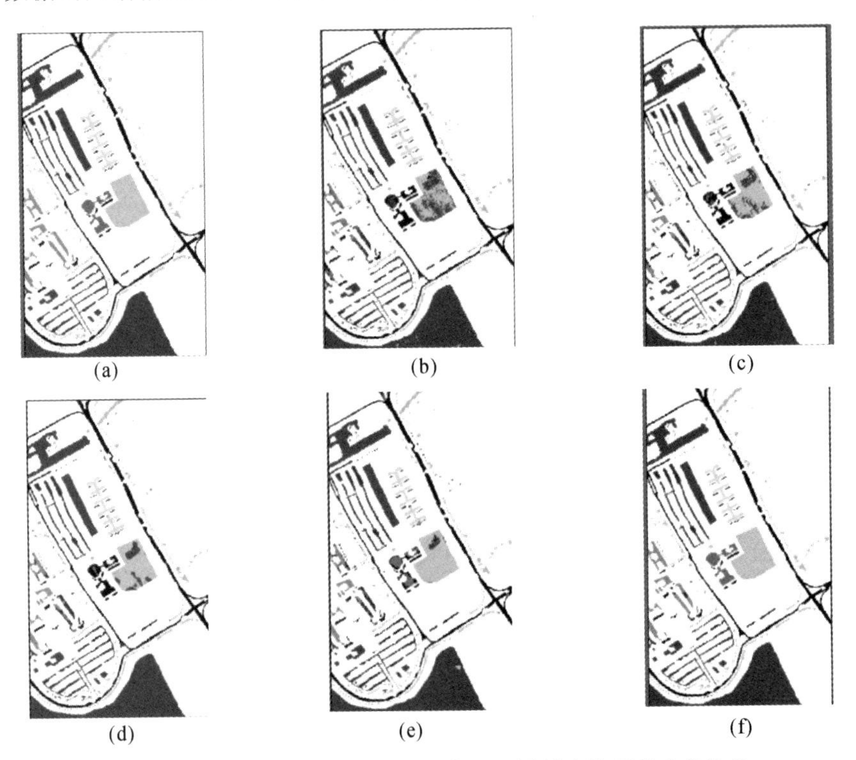

图 5.10　Pavia University 数据集使用不同尺度特征的分类结果

(a)实际地物；(b)1×1；(c)3×3；(d)7×7；(e)13×13；(f)多尺度融合

按照相同的方式在 Indian Pines 数据集上随机选取 3% 的样本作为训练集，其余 97% 的样本作为测试集，使用前述的 7 种基准方法和本章提出的多核融合多尺度方法进行实验，实验得到的分类结果图如图 5.11 所示。

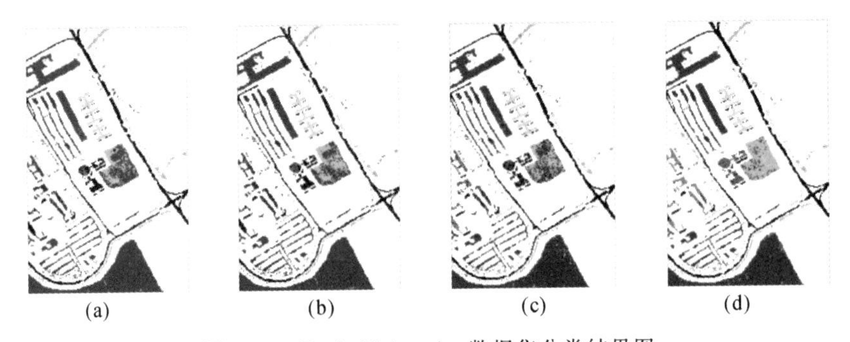

图 5.11　Pavia University 数据集分类结果图

(a)SVM；(b)SRC；(c)PCA；(d)MKSVM

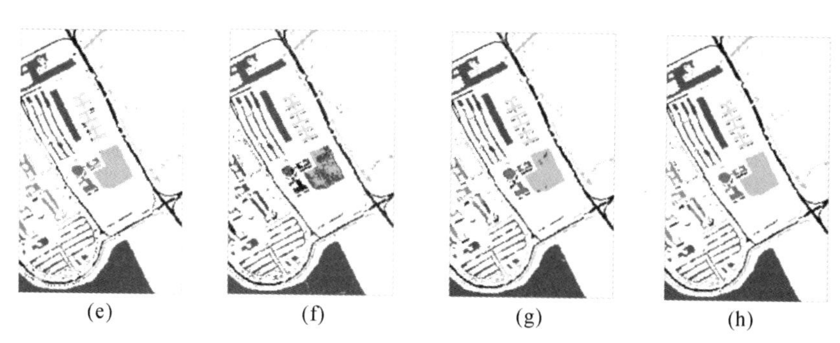

续图 5.11　Pavia University 数据集分类结果图

(e)Spatial;(f)JSRC;(g)MKSRC;(h)Proposed

Pavia University 数据集中 Meadows 地物占比超过 40%,因此很多其他地物被错误标记为 Meadows,这一现象在 SVM[见图 5.11(a)]、SRC[见图 5.11(b)]、PCA+SVM[见图 5.11(c)]和 JSRC[见图 5.11(f)]中表现得比较明显。MKSVM 表现较好但也存在很多孤立的错分点。Spatial[见图 5.11(e)]、MKSRC 和本章算法得到的分类结果图较为平滑,与真实地物分布状况也更为接近。表 5.3 给出了每类地物的分类精度和总体分类精度等指标,为克服随机取样带来的随机性,实验重复 10 次,每次重新生成训练集和测试集。

表 5.3　Pavia University 图像分类精度表

Class	Train	Test	SVM	SRC	PCA	MKSVM	Spatial	JSRC	CKSRC	Proposed
Asphalt	199	6432	91.77	85.54	91.19	93.02	94.41	87.94	94.27	**97.45**
Meadows	559	18090	99.07	98.97	98.45	98.03	99.93	97.38	99.68	**99.97**
Gravel	63	2036	14.44	14.15	55.17	83.61	**98.90**	60.93	80.80	91.42
Trees	92	2972	86.49	76.31	87.01	**94.71**	80.87	83.81	97.39	94.32
Metal	40	1305	99.03	99.18	96.88	98.88	90.41	97.84	95.91	**100.00**
Bare soil	151	4878	41.40	54.34	54.15	89.80	99.86	74.71	97.14	**99.90**
Bitumen	40	1290	24.59	32.86	44.21	87.89	97.74	43.68	81.43	**99.55**
Bricks	110	3572	87.07	95.19	73.49	87.83	**96.41**	86.20	86.39	92.34
Shadow	28	919	99.68	99.47	90.71	**100.00**	40.44	99.68	93.35	97.57
OA			82.59	83.32	83.82	93.71	95.53	87.80	95.34	**97.96**
AA			71.50	72.89	76.80	92.64	88.77	81.35	91.81	**96.94**
Kappa			0.763	0.770	0.781	0.917	0.940	0.838	0.938	**0.973**

从表 5.3 可以看出使用 SVM、SRC 和 PCA 算法的 OA 都能达到 80%以上,但是对 Gravel、Bare soil 以及 Bitumen 的分类精度很低,这可能是由于一方面这三类地物分布较少,另一方面它们光谱特性较为接近,导致分类结果不佳,利用像元间的位置关系,可以有效地解决这个问题。Spatial 分类的总体精度达到了 95.53%充分显示了空间信息在分类过程中所起到的作用,但是对于 Shadow 其分类精度只有约 40%,远低于其他方法。这说明

Shadow 相对于其他地物具有独特的光谱特性，谱分类方法已经具有很好的效果。但是其在图像中分布十分分散，空间信息对于其分类的作用较小。Spatial 方法通常可以达到很高的分类精度，但却不具有通用性，必须空谱结合才能达到较好的效果。从总体分类精度上看本章算法取得了最高的 97.96%，高于其他谱分类、谱-空分类、空间分类算法，说明本章算法对于谱-空信息的利用更加充分，而且对于所有地物的精度均在 90%以上，说明本章算法具有很好的通用性和鲁棒性。

5.4.4 时间与空间效率分析

由于本章算法使用了多尺度特征的提取与融合，因此在一定程度上增加了计算时间及存储空间的占用。本节通过实验方式测试本章算法在计算时间及存储空间的使用情况。实验过程中从 Indian Pines 数据集中随机选择 90%的像元作为测试样本，并从其余 10%像元中选择一定比例的像元作为训练样本，不断增大训练样本数量，观察各个阶段的时间消耗及存储空间使用情况。

图 5.12 所示为特征提取、核权值计算以及像元分类三个阶段的所消耗时间随训练样本数量的变化情况。其中第三阶段的时间基本相当于直接使用 KSRC 分类的时间。从图中可以看出随训练样本数量的增大，计算权值和分类所消耗的时间随变化比较明显，而特征提取的时间并没有太大变化。这是由于特征提取的时间消耗主要在于对多尺度滤波，因此特征提取的时间正比于总体样本数量，而权值计算的时间正比于训练样本数量，样本分类的时间与训练样本数量和测试样本数量都密切相关。从总的计算时间来看，本章算法较 KSRC 算法有明显增加，具体增加的情况取决于测试样本数量与训练样本数量的比例。随着训练样本数量的增大，滤波所占时间相较总的计算时间减少。

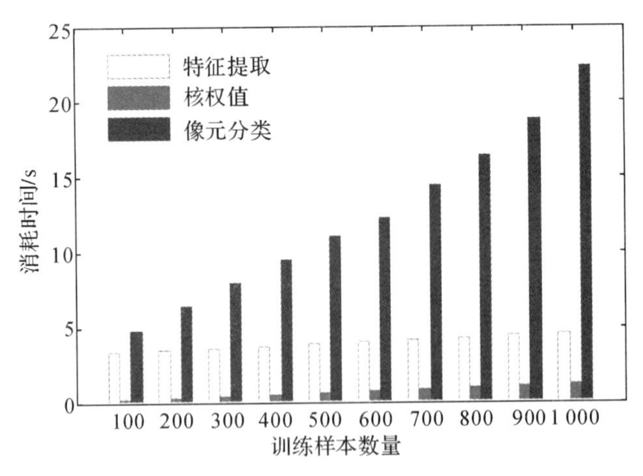

图 5.12　计算时间随训练样本变化图

图 5.13 所示为本章算法与传统 KSRC 算法在运行时的内存使用情况对比。由于高光谱图像通常容量较大，而本章算法在 7 个尺度上对原始图像进行了空间滤波并存储，并计算 7 个核矩阵，因此本章算法在存储空间占用上应该是传统算法的 7 倍左右。

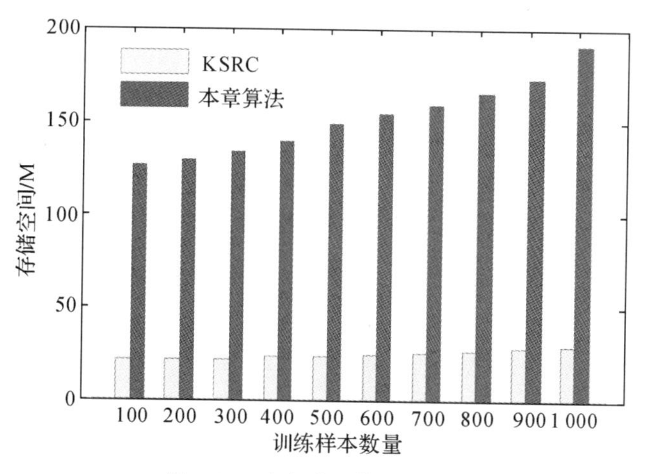

图 5.13　空间占用情况对比图

5.5　本章小结

本章针对以高光谱图像为代表的空间位置敏感的数据分类问题展开研究，提出了多核融合多尺度特征的核稀疏表示算法。对高光谱图像在不同的尺度空间上进行信息融合，随着尺度的增大，有助于利用空间信息消除孤立的错分点，但同时会因空间信息的过度利用导致不同类别的边界不能正确区分。使用多核方法在不同尺度空间上融合邻域像元的光谱信息，从而使得空间信息得到更加有效的利用。分别使用农业种植区高光谱图像 Indian Pines 和城市地区高光谱图像 Pavia University 进行验证。最终的实验结果表明：本章算法在分类精度上得到明显提升，两个数据集的总体分类精度分别达到 99.51%和 97.96%；高光谱图像实验结果表明，使用本章算法可以获得较高的分类精度，并且小样本地物也能准确分类，算法也具有很好的稳定性和鲁棒性。

第6章　基于多尺度特征融合多核学习的高光谱图像高精度地物分类

6.1　概　　述

对于高光谱图像应用的核心——获取高精确度的分类图，一直是研究人员关注的焦点。对于高光谱图像这种在空间、光谱特征存在大量冗余信息且各波段间高相关性的数据而言，通常很难得到很高的分类精度。从高光谱图像分类所利用的信息类型来看可以分为谱分类和谱-空联合分类。前者直接根据高光谱图像中的光谱信息而忽略了高光谱图像图谱合一的特性利用分类器对目标像元进行分类。而谱-空联合分类将高光谱图像中的空间信息和光谱信息一起考虑在内，利用分类器对目标像元进行分类。随着成像器的分辨率的不断提高，高光谱图像中的空间相邻像元也包含了大量相关信息，这就使得谱-空联合分类相对于谱分类来说，优势更加突出，在一定程度上消除了分类图中的空间不均匀性，对像元所属结构的尺度、形状都能较好地表达。随着深度学习的发展，越来越多的学者开始将深度学习方法运用到大规模高光谱图像分类领域，并取得了较好的分类效果。

图像分类离不开高性能的分类器，多核学习方法具有处理多模态特征的优势，可以更好地融合高光谱图像的空间特征和时间特征，对高光谱图像的空间数据冗余具有较好的表达能力，可以获得较好的分类精度；同时，由于可以设计较为成熟的全局优化核机器学习算法，分类器的训练效率可以大大提高。基于此，本章研究提出了多尺度采样分析的特征提取和基于多尺度核机器学习的分类算法，对高光谱图像典型数据集进行了快速分类与识别实验，在综合考虑算法实时性、可靠性的基础上，取得了较高的地物分类精度。

6.2　基于非均匀采样的多尺度特征提取

6.2.1　视觉认知的非均匀采样机制

生物视觉系统接收的信息纷繁复杂，进入视觉领域的信息量巨大，但是生物感官通道接收信息的能力和视觉系统的信息处理能力和资源有限，视觉系统不会平等对待处理所有输入信息。在适者生存的自然环境中，为了生存，对于灵长类的生物要求必须能从大量的视觉输入中实时找到猎物或者敌人，需要过滤、调整、筛选出重要的、有意义的信息，其中对于重要信息可以进行深度处理并体现在意识上，因此视觉注意机制也就在长期的进化中逐渐形成。由于不同尺寸大小的感受野所感受到的场景图像，相当于同一尺寸大小的感受野在远近不同的各个位置对同一场景的感受，所以大脑所获得的光学图像信号其实是一种多尺度的现实物理场景，其中引起视觉系统产生强烈刺激响应的是视野中最突出显眼的部分。

以视网膜感受野的分布为例，在视觉注意点内，感受野尺寸越小，视觉分辨率越高，采样图像越清晰；在视觉注意点外，感受野尺寸越大，视觉分辨率随着距离视觉注意点中央距离越远，视觉分辨率逐渐越低，采样图像越模糊。1998 年，Rybak 采用了由中心向外分辨率逐渐降低的一组同心圆来实现空间非均匀采样，但根据经验规定了同一个圆上的采样率为固定值。如 Itti 提出的高斯金字塔模型，在不同尺度层次上非均匀采样来实现目标边缘的检测，取得了很好的效果。

6.2.2　非均匀采样提取图像目标多尺度特征

对于高光谱图像这种高维、多光谱通道的目标数据，拟借鉴生物视网膜具有视觉信息非均匀采样的特点和具有选择性的生物视觉注意机制，构建了一种新的基于非均匀采样的多尺度空间。模拟生物视觉系统中的中央凹局部范围内均匀采样，且采样率最高为 1，即图像的原始分辨率；而在中央凹外围，采样率以外围到中心点距离的 2 倍递减，这样输入信息被大量压缩，可大大降低了存储和处理难度。非均匀采样过程示意图如图 6.1 所示。

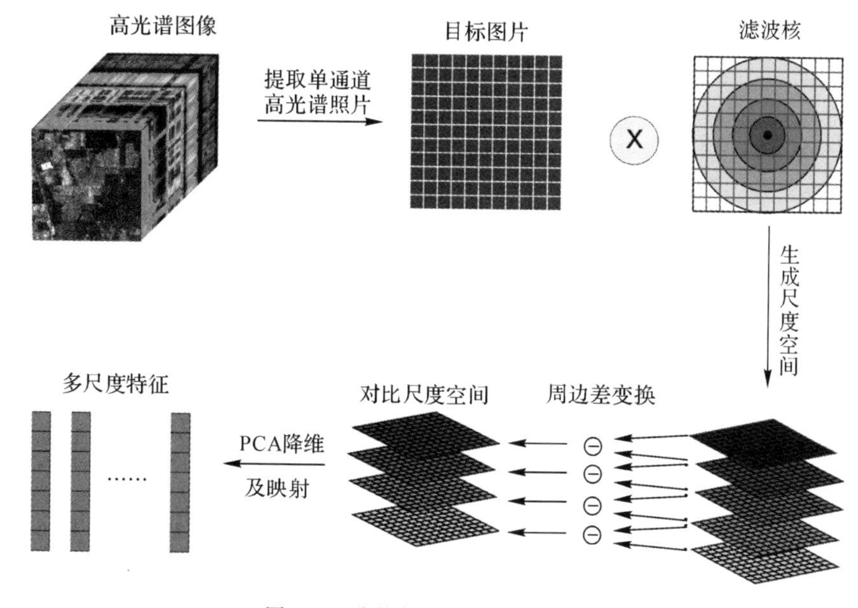

图 6.1　非均匀采样过程示意图

为模拟这种采样率随空间位置的变化，设计滤波核如下：

$$c(x)=\begin{cases}\dfrac{1}{1+(x_0-\delta-x)^{0.9}}, & 0\leqslant x<x_0-\delta \\ 1, & x_0-\delta\leqslant x<x_0+\delta \\ \dfrac{1}{1+(x-x_0-\delta)^{0.9}}, & x_0+\delta\leqslant x<N\end{cases}$$

式中：图像大小为 $N\times N$，通常 N 取 2 的整数次幂；δ 表示中央凹的半径，当位于 δ 内时为均匀采样。为了实现该采样模型，借用传统离散小波方法的采样滤波思想，因为离散小波变换的相平面格点分布是非均匀的，每次采样都从视点中央向周围扩展，对于固定的尺度参数 m，采样率为 $1/b_0{a_0}^m$，令

$$1/b_0{a_0}^m=c(x)$$

因为 m 为整数，所以

$$m=-\lfloor \log_2 c(x)\rfloor$$

假设视场中心位于图像中心时，由上述方法得到的视觉信息的分布示意图。滤波核中同一同心圆域中具有相同的 m 值，即二进制小波滤波器的带宽相同：中心区 $m=0$，有最窄的带宽，由中心向外，带宽渐增。

为了在尺度空间中更有效的检测到稳定的关键点，可以在视觉特征提取过程中，模仿中央-外围差策略建模，设计输出特征的对比度，即视点的中心部分和外围部分之间的差值。同理，在多尺度空间中，可以设计不同尺度下图像特征图的差分作为输出。

为了提高分类的速度并减小特征维度，必须消除特征向量之间的相关性。使用 PCA 对数据进行白化，计算样本的相关系数矩阵的特征值及特征向量，按降序将特征值进行排序，并相应地调整特征向量；计算各个特征值的贡献率，根据给定的提取率，提取主成分特征向量，并在提取的特征向量上对样本进行投影，即可提取特征。

6.3 基于多尺度核与系数优化的分类模型及高精度地物分类

6.3.1 多核学习理论

1999 年 V. Vapnik 等人提出 SVM 理论，促进了核方法的发展和推广，并在机器学习的各个领域中取得了优秀的研究成果。现实中的样本数据具有结构类型不规则、数据量巨大、数据分布不均匀等特点，并且不同的核函数具有不同的特性，因此使用相同的内核函数的单核学习方法可能无法获得最佳映射。多核学习方法与单核相比，内核空间由多个基核函数共同映射，增强了决策函数的可解释性并且改善了性能，从而提高了分类精度，相比于常规的单核和合成核分类器，由于这种方法能提供更完备的尺度选择，因此更具灵活性。随后，许多学者对多核学习方法开展深入的研究，各种基于支持向量机的多核学习方法改进算法模型也相继出现。满足 Mercer 定理的合成内核模型通常是由几个简单基本内核函数的加权组合的凸组合。其框架形如：

$$K=\sum_{j=1}^{m}\mu_j K_j,\quad \mu_j \geqslant 0 \text{ 且} \sum_{j=1}^{m}\mu_j=1$$

式中：K_j 是基本内核函数；m 是基本内核函数的总数目；μ_j 是对应基本内核函数的权重系数。因此，多核学习的目标是在有监督的学习环境下选择基本内核函数组合形式的和组合内核函数权系数的学习方式。

6.3.2　基于多尺度核支持向量机的分类设计

考虑到提取特征的多尺度特性，通过将多个尺度的核进行有机整合，构造高效的多尺度核分类器及其学习方法。本章采用在分类器内部实现目标图像的多尺度特征进行融合的思路，即多核融合多尺度特征。使用本章研究的非均匀多尺度特征提取的算法，提取出目标的多尺度特征，在多核学习框架中对多尺度特征与多尺度核进行有机融合，通过加权映射的方法，得到融合核矩阵，然后通过训练决策函数得到最优的多尺度核分类器并使用它对高光谱图像进行分类，主要过程如图 6.2 所示。

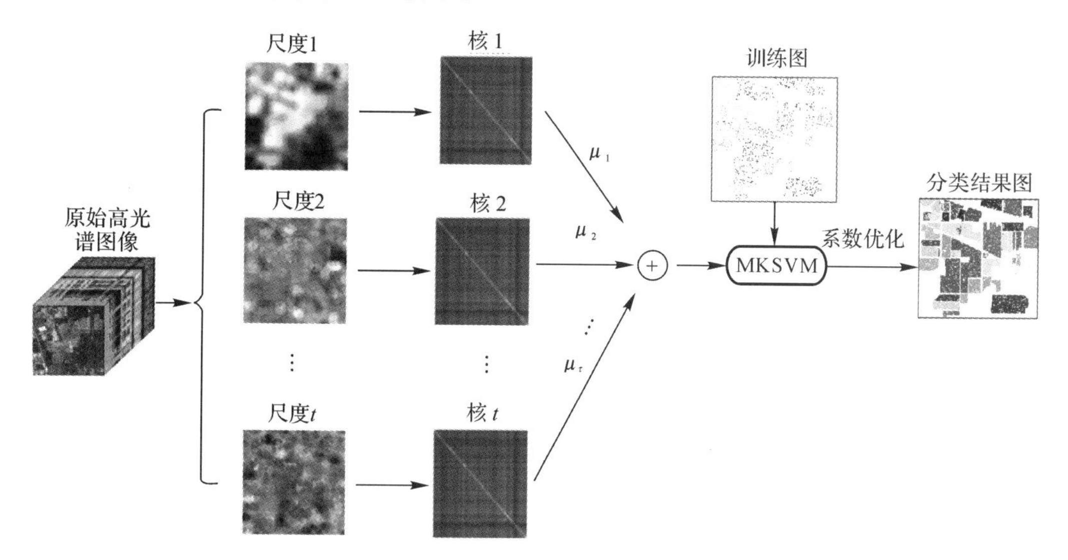

图 6.2　基于多核学习方法的高光谱图像分类过程

在特征融合之前，针对多尺度特征融合过程中的基本内核函数选择问题，具有多尺度表示能力的基核函数，其中最常见的就是高斯径向基核。将其多尺度化为

$$k\left(\frac{\|\boldsymbol{x}-\boldsymbol{z}\|^2}{2\sigma_1^2}\right),k\left(\frac{\|\boldsymbol{x}-\boldsymbol{z}\|^2}{2\sigma_2^2}\right),\cdots,k\left(\frac{\|\boldsymbol{x}-\boldsymbol{z}\|^2}{2\sigma_m^2}\right)$$

其中，$\sigma_1<\sigma_2<\cdots<\sigma_m$，当 σ 较小时，对那些小样本地物的分类效果好，而当 σ 较大时，可以用来对那些大样本地物的分类效果好，提高算法的鲁棒性和稳定性。按照这一思路，首先对各个尺度特征使用多个高斯径向核进行加权组合，使得每个尺度也是基于多个尺度核映射的，然后对多个尺度的合成核进行多核融合，即

$$K=\sum_{j=1}^{N}\mu_j K_j(\nu,\nu'),\quad \mu_j \geqslant 0 \text{ 且} \sum_{j=1}^{N}\mu_j=1$$

$$K_j(\nu,\nu')=\sum_{m=1}^{M}\beta_m K_m(\nu,\nu')=\sum_{m=1}^{M}\beta_m k\left(\frac{\| x-z \|^2}{2\sigma_m^2}\right),\quad \beta_m \geqslant 0 \text{ 且} \sum_{m=1}^{M}\beta_m=1$$

$$f(x)=\sum_{i=1}^{l}\alpha K(\nu,\nu_i)+b$$

6.3.3 多尺度核支持向量机的系数优化

对于多核函数的组合，本章使用多核线性加权框架进行组合，因此需要在分类前需要对多核加权的权重系数 μ,β,α,b 进行优化以实现高效的最优的分类效果，其中 μ,β 是基核函数的权重系数，α,b 是决策函数表达式中的系数。近年来提出了一个有效的基于半无限线性规划(Semi-Infinite Linear Programming，SILP)的多核学习算法，该方法使得 MKL 在处理大规模问题方面开辟了新的途径。SILP 是通过迭代单核多次直到收敛到一个合理的解，其约束数随着迭代次数的增加而增加。本章研究实现了一种更加高效的算法即 Simple MKL，通过对稀疏内核组合权重附加约束，设计一个加权 2 -范数正则化公式来解决 MKL 问题。实际上，Simple MKL 很简单，基本上是根据标准的 SVM 解算器目标值梯度的下降来判定内核组合形式。这个方法除了能够主动学习内核组合形式，还能解决支持向量机优化问题，其中内核是基核函数的线性组合，具体算法流程见表 6.1。

表 6.1 Simple MKL **算法流程**

Simple MKL 算法 输入：多尺度特征，多尺度化的高斯径向基核函数，停止迭代条件 输出：权重系数 μ,β,α,b
将训练集样本值进行归一化 平均初始化各个高斯径向基核函数的权重系数 β 进行线性加权组合，然后将所有尺度特征进行相同处理得到各自的核矩阵 $\boldsymbol{K}_j(\nu,\nu')$ 再次初始化不同尺度特征的核矩阵 $\boldsymbol{K}_j(\nu,\nu')$ 的权重系数 μ，构造合成核 $\boldsymbol{K}$

While 未达到停止迭代条件 do
使用 SVM 解算器计算并记录决策函数 $f(x)$，$\boldsymbol{K}=\sum_{j=1}^{N}\mu_j\boldsymbol{K}_j(\nu,\nu')$
计算决策函数随系数 μ,β 的下降梯度 $\frac{\Delta f}{\Delta\beta}\ \frac{\Delta f}{\Delta\mu}$
While old$f(x)$>new$f(x)$ do
$\text{new}\beta=\text{old}\beta-\xi\left(\frac{\Delta f}{\Delta\beta}-\frac{\Delta f}{\Delta\mu}\right)$
$\text{new}\mu=\text{old}\mu-\gamma\left(\frac{\Delta f}{\Delta\beta}-\frac{\Delta f}{\Delta\mu}\right)$
使用标准 SVM 解算器计算 newf(x) with new$\boldsymbol{K}$
end while

β=newβ μ=newμ end while

该问题是一个求解支持向量系数 $\boldsymbol{\alpha}$ 和核权值系数 μ,β 的多目标优化问题。当核权值系数 μ,β 固定时，通过改变 $\boldsymbol{\alpha}$ 的值以最小化目标函数 J 相当于最小化全局分类误差并最大化分类间隔。当固定支持向量系数 $\boldsymbol{\alpha}$ 时，通过改变 μ,β 的值以最大化目标函数 J 相当于同时最大化组间相似性并且最小化组内相似性。通过交替优化 $\boldsymbol{\alpha},\mu,\beta$ 的方式求解这个最大最小问题，首先固定核权值系数 μ,β，优化 $\boldsymbol{\alpha}$，然后固定支持向量系数 $\boldsymbol{\alpha}$ 优化 μ,β。实验结果表明，该算法收敛性好，效率比其他的 MKL 算法快。

6.4　实验验证及结果分析

提取了特征，设计并训练了分类器，即可对高光谱图像进行分类实验。本章采用公开数据集 Indian Pines 数据集和 Pavia University 数据集进行分类实验，以验证基于多尺度采样分析的特征提取算法和基于多尺度核机器学习方法的分类算法的适用性和鲁棒性。

6.4.1　Indian Pines 数据集

在实验过程中，为了从 Indian Pines 原始数据集中提取训练集和测试集，从每个数据集中的每类地物样本中随机选择 10％的像元作为训练集，除去背景像元后其余 90％为测试集。因为是随机抽样，所以每次实验结果的分类精度会出现小范围波动，每种实验条件下均进行 10 次重复实验取平均值，体现结果的合理性。为了评价实验结果的准确性，使用混淆矩阵(CM)、平均分类精度(AA) 和总体分类精度(OA)作为评价标准。

提取 Indian Pines 图像的多尺度特征。按照基于多尺度采样分析的特征提取算法，首先使用滤波核在每一波段上对 Indian Pines 图像进行二维空间非均匀滤波采样，然后将采样后的多尺度二维矩阵进行拉伸变换成多尺度的一维向量，每一个尺度均拉伸成一个一维向量，每一个波段均做相同的处理，相同尺度的向量合并成矩阵，则将原始的 Indian Pines 高光谱数据集由一个三维矩阵合并为大的多尺度二维矩阵，其中行表示空间维度中的像素，列表示波段维度。然后使用 PCA 对二维矩阵的进行降维，提取主成分波段，以去除不同波段之间的冗余性。

特征得到后，采用特征与多尺度核融合方法对 Indian Pines 图像进行分类。图 6.3 为使用多种方法和本章提出的多尺度特征融合核方法的分类结果图，从图中可以看出基本实现了地物样本的分类，但是在某些地物样本分布的边界处如图 6.3(e)中圆圈内出现椒盐状的错分点，这些错分点主要是受周边地物样本的影响，被错误划分为周边样本的类别。

为了更好地对实验结果进行分析，选取 SVM、PCA＋SVM 算法作为对比，如图 6.3 所示，使用 SVM 算法进行分类大部分的地物样本都能被正确地分类出来，但是存在较多的斑点状错分点，图像不平滑，使用 PCA＋SVM 算法进行分类，较 SVM 效果有所提升，但是仍然存在少量的斑点状错分点，尤其是在小地物处。

实验结果表明，大多数类别的地物都达到了 95％以上的分类精度，而只有 Alfalfa 和 Oats 这两类地物的分类精度只有 92.68％和 94.44％，拉低了总体分类精度，这主要是由于这两类地物的样本数目过少，说明地物样本数目的分布会对总体分类效果产生影响，尤其是一些小样本地物。从图 6.4～图 6.6 也可以看出，随着提取特征尺度的增大，分类图逐渐光滑，斑点状的错分点也逐渐减少，当分别单独使用一个尺度特征时进行分类时，分类结果的理想程度均不如多尺度核融合特征时，这说明了本章研究的多尺度核融合方法具备了不同尺度的优点，对于高光谱图像在识别精度上也有一定的提升效果，对不同的遥感图像的分类识别具有适应性和鲁棒性。

以上实验结果表明基于多核学习的方法既能保证小样本下对目标的有效分类，又能保证模型的灵活性构建和快速训练，且实现简单，快速有效，具有较高的正确性和可靠性。

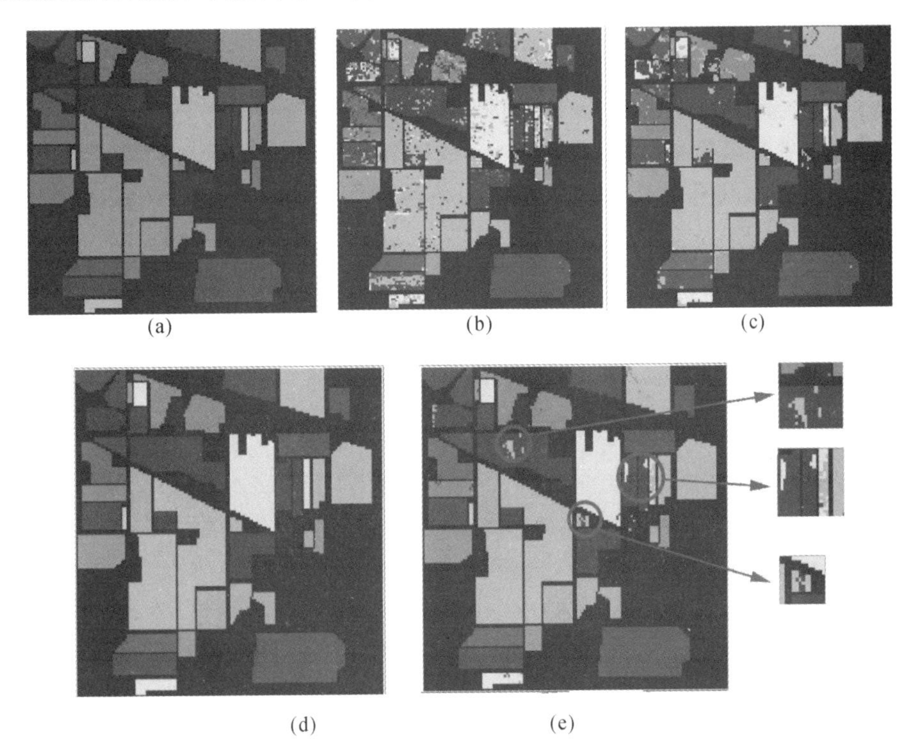

图 6.3 Indian Pines 数据集的分类图

(a) 实际地物；(b)SVM；(c)PCA＋SVM；(d)实际地物；(e)PCA＋MKSVM

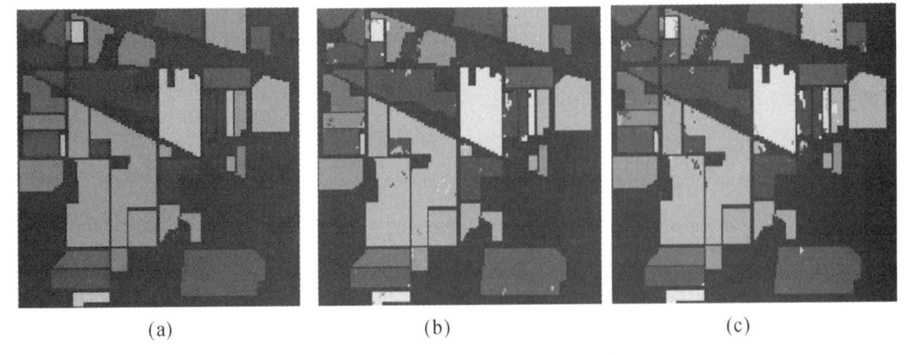

图 6.4 采用尺度 4×4 和 9×9 的分类结果

(a) 实际地物；(b)尺度 4×4；(c)尺度 9×9

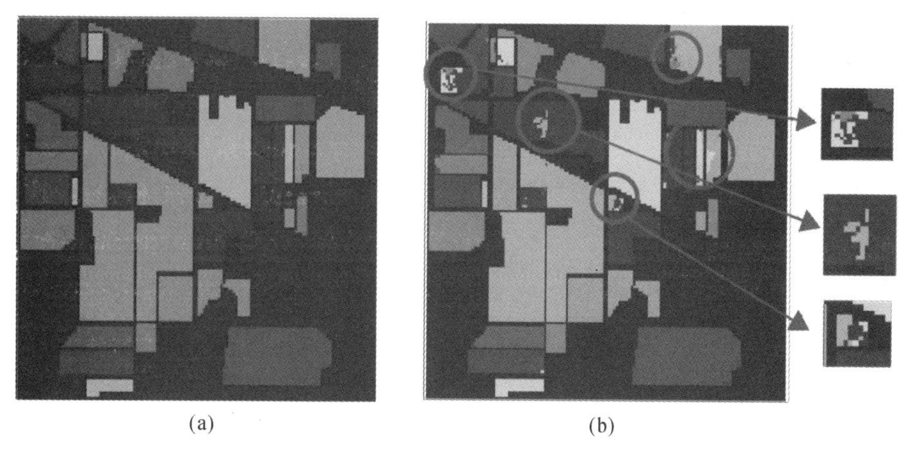

图 6.5　采用尺度 14×14 的分类结果

(a)实际地物;(b)尺度 14×14

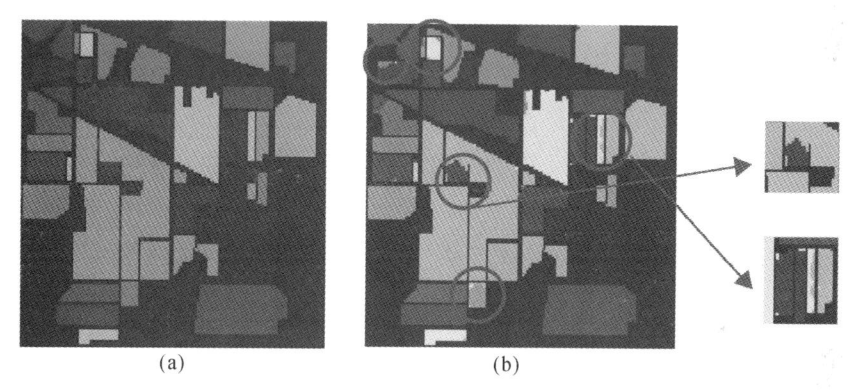

图 6.6　采用尺度 19×19 的分类结果

(a)实际地物;(b)尺度 19×19

6.4.2　Pavia University 数据集

Pavia University 拍摄的识意大利北部的帕维亚学校区域。Pavia University 数据集的空间大小为 610×340,空间分辨率为 1.3 m,实验使用其中 103 个可用波段,共有 9 类地物,包含带标记像元 42 776 个,如图 6.7 所示,不同地物样本数目分布相对比较均匀,地物类别少,因此分类较 Indian Pines 数据集要容易一些。但是同类地物分布相对分散呈现点线状,这会对多尺度特征提取会产生不利影响。

在实验过程中,为了从 Pavia University 原始数据集中提取训练集和测试集,从每个数据集中的每类地物样本中随机选择 10%的像元作为训练集,除去背景像元后其余 90%为测试集,如图 6.8 所示。因为是随机抽样,所以每次实验结果的分类精度会出现小范围波动,每种实验条件下均进行 10 次重复实验取平均值,体现结果的合理性。分类评价标准也与上一节实验相同,采用 AA,OA 作为评价标准。

对 Pavia University 图像进行多尺度特征提取。按照第 2 章的基于多尺度采样分析的特征提取算法，首先使用如图 6.9 所示的滤波核在每一波段上对 Pavia University 图像进行二维空间非均匀滤波采样，然后将采样后的多尺度二维矩阵进行拉伸变换成多尺度的一维向量，每一个尺度均拉伸成一个一维向量，每一个波段均做相同的处理，相同尺度的向量合并成矩阵，则将原始的 Pavia University 高光谱数据集由一个三维矩阵合并为大的多尺度二维矩阵，其中行表示空间维度中的像素，列表示波段维度。然后使用 PCA 对二维矩阵的进行降维，提取主成分波段，以去除不同波段之间的冗余性。

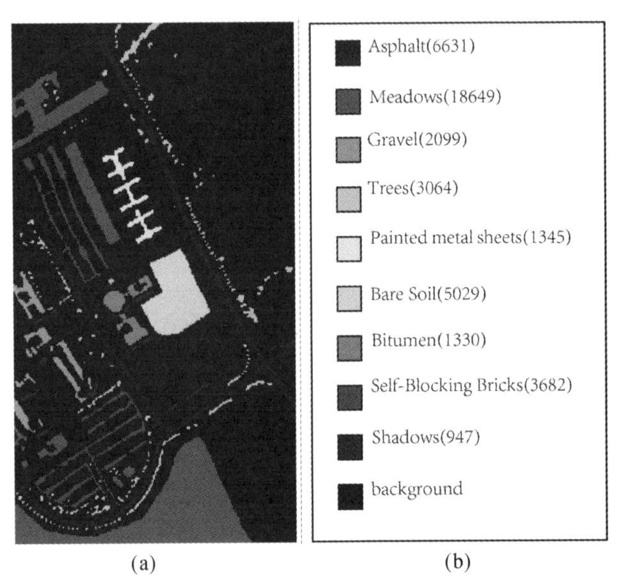

图 6.7　Pavia University 数据集

(a)数据集图像；(b)数据类别及样本数

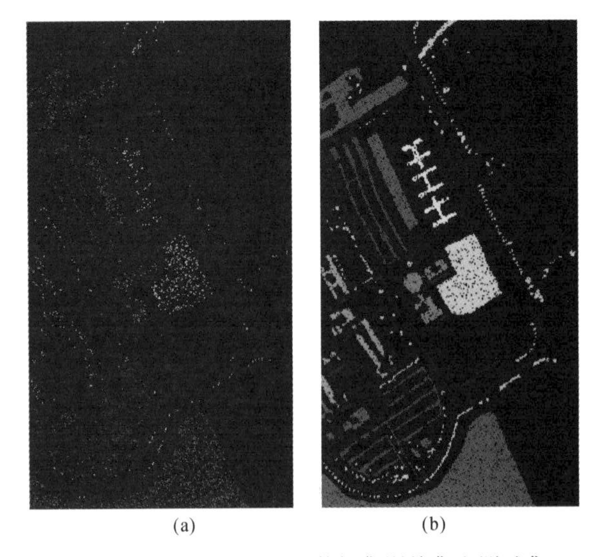

图 6.8　Pavia University 数据集训练集和测试集

(a)训练集数据；(b)测试集数据

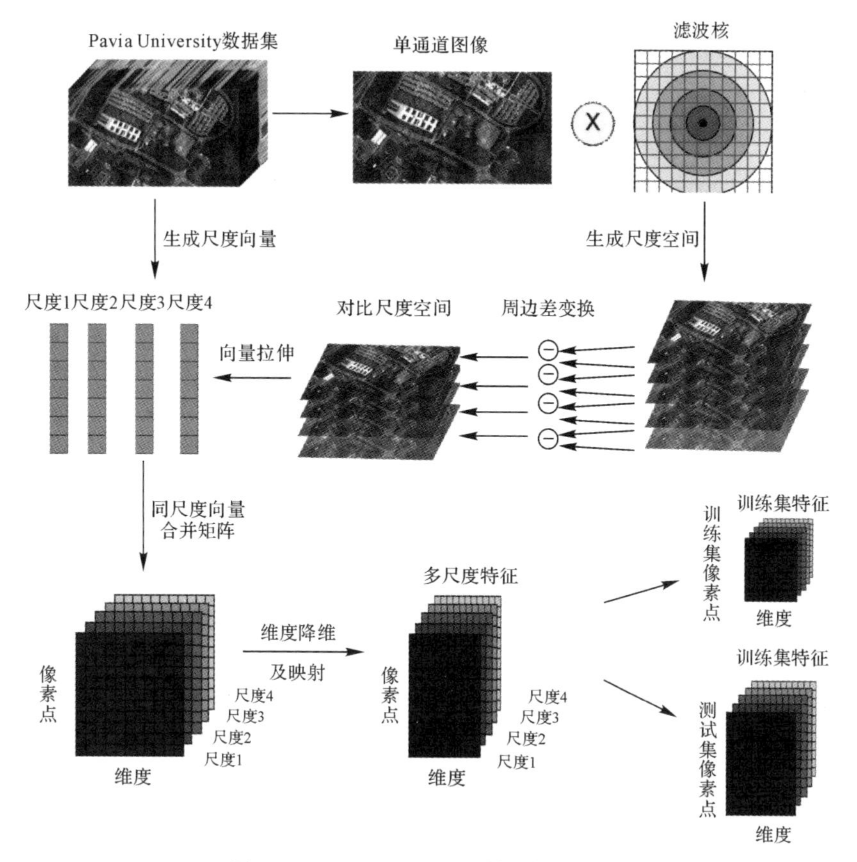

图 6.9　Pavia University 特征提取过程

图 6.10 为使用多尺度特征融合的核方法的分类结果图，从图中可以看出基本实现了地物样本的分类，并且也没有出现椒盐状的错分点，融合了尺度空间信息，图像比较平滑，与真实地物分布情况接近，分类结果较 Indian Pines 数据集要更好。

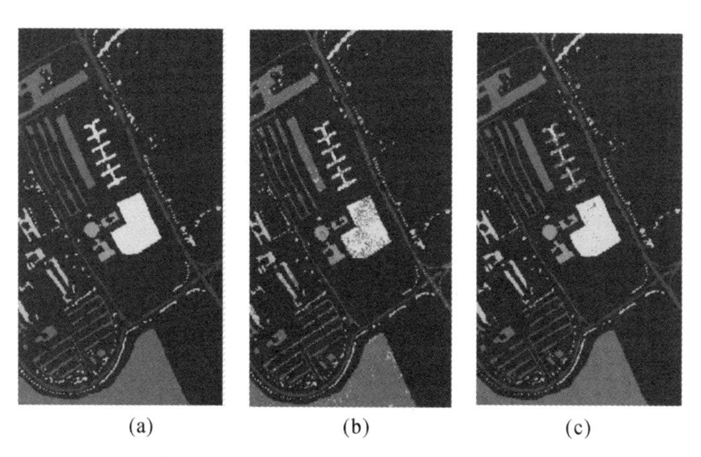

图 6.10　Pavia University 数据集分类图

(a)实际地物；(b)SVM；(c)PCA+SVM

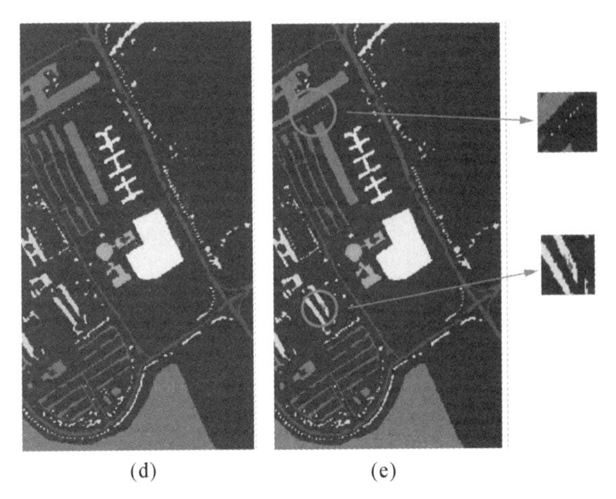

(d) (e)

续图 6.10 Pavia University 数据集分类图

(d)实际地物;(e)PCA+MKSVM

各类地物的分类精度和总体精度见表 6.2,从表中数据可以看出,所有类别的地物都达到了 95%以上的分类精度,大部分地物的分类精度达到了 99%以上,证明本章研究的基于多尺度采样分析的特征提取算法和基于多尺度核机器学习方法的分类算法具有适用性和鲁棒性,不但适用于区块状分布的高光谱数据集,而且适用于点线状分布的高光谱数据集,分类效果更理想。但是相比较只有 Gravel 和 Trees 两类地物的分类精度未达到 99%以上,一方面是地物的样本数目较少,另一方面是这两类地物的光谱特性比较接近因而不容易区分。

表 6.2 不同方法下的 Pavia University 图像的分类精度表

Class	SVM	PCA+SVM	MKL SVM
Asphalt(6631)	89.63	95.83	99.95
Meadows(18649)	97.38	100	100
Gravel(2099)	73.85	91.69	97.88
Trees(3064)	78.03	73.97	98.73
Painted metal sheets(1345)	76.78	33.47	100
Bare Soil(5029)	73.66	97.81	100
Bitumen(1330)	81.95	97.58	99.67
Self-Blocking Bricks(3682)	83.52	92.73	99.70
Shadows(947)	98.12	94.13	100
OA	88.54	93.90	99.76
AA	83.66	86.36	99.55

对单幅图像在不同尺度下的分类结果如图 6.11 所示,单独使用一个尺度特征时进行分类时,随着特征尺度的增大,分类图变化不明显,而且也无斑点状的错分点,说明对于数据集 Pavia University,这 4 个尺度所包含的信息特征太过接近不能区分,因为 Pavia University

数据集的样本分布比较分散，当尺度大小比较接近时，不能提取异构特征，所以不能明显地提升分类效果。这也再次证明了尺度大小的选取对分类效果的影响。

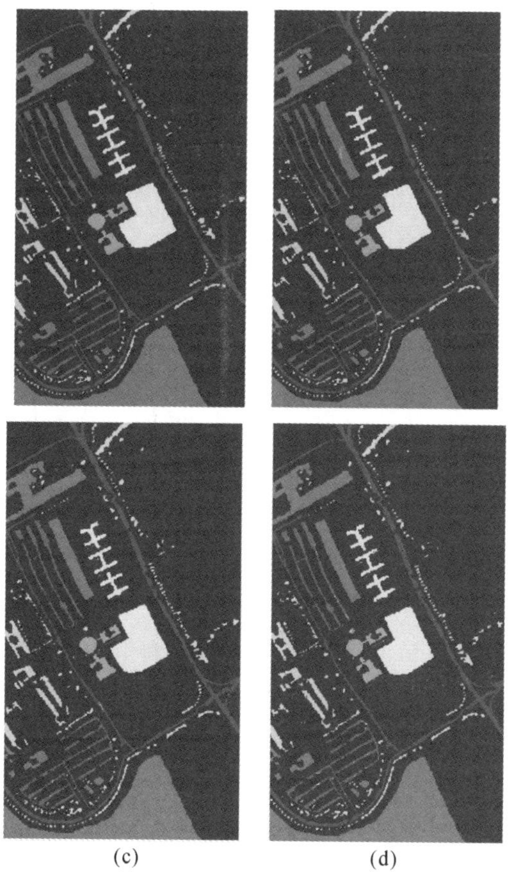

(c)　　(d)

图 6.11　Pavia University 数据集不同尺度分类结果图
(a)尺度 4×4；(b)尺度 9×9；(c)尺度 14×14；(d)尺度 19×19

6.5　本章小结

针对高光谱这种在空间、光谱特征存在大量冗余信息且各波段间高相关性的数据而言，通常很难得到很高的分类精度。从生物视觉认知及其高效的信息处理机制出发，本章应用基于多尺度采样分析的特征提取算法和基于多尺度核机器学习方法的分类算法，对高光谱图像数据集 Indian Pines 的 16 种地物和 Pavia University 的 9 种地物进行快速分类与识别，达到了 98.2%和 99.76%的分类精度，达到了实时处理的速度要求，具有较高的正确性和可靠性。从实验结果看，对地物样本数目分布均匀的数据集分类效果更好，稳定性和鲁棒性更强。

第7章 基于波段重组卷积神经网络的高光谱图像高精度地物分类

7.1 概 述

对于高光谱图像这种在空间、光谱特征存在大量冗余信息且各波段间高相关性的数据而言，通常很难得到很高的分类精度。谱-空联合分类问题，一直都是高光谱图像分类的研究热点，目前已有很多取得了不错效果的算法。相对于传统谱-空联合分类算法而言，基于深度学习方法的谱-空联合分类算法以其提取特征更加“智能”在高光谱图像分类上一枝独秀，已经引起了越来越多研究人员的关注。从当前应用效果看，基于卷积神经网络的高光谱图像分类效果是最佳的，但是也暴露出了一些问题，致使网络收敛速度过慢、高光谱图像自身优点发挥不足等问题。

综合考虑高光谱图像的谱-空特性，目标分类的精度、速度，本章以高光谱图像波段特征分析为基础，主要研究基于卷积神经网络的高光谱图像谱-空联合分类方法，以获取较快的网络收敛速度，并希望利用波段重组，使卷积神经网络更加充分利用挖掘相似波段的特征从而提高分类精度。

7.2 高光谱图像波段特征分析

在高光谱图像中，有些地物光谱特性曲线是很好区分的，但有些十分相似，给分类带来了挑战。可见在高光谱图像分类中，相似波段中的特征提取至关重要。作为卷积神经网络，如果直接在整个波段范围中进行特征提取并分类，本该需要深入挖掘特征的相似波段与其他波段同等地位，进而降低了卷积神经网络的收敛速度，因此，如果想提高卷积神经网络的收敛速度，进行波段重组是十分必要的。

为了更好地挖掘高光谱图像中相似波段的特点，且从网络结构上简化网络，加速网络的收敛速度。本章首先从高光谱图像各波段的特征出发，提出波段重组的思想，再对各波段组分别利用三维卷积神经网络进行特征提取，最终将各波段组所提取出来的特征向量进行联合训练并得到最终的分类结果。从前面的分析可以看出，高光谱图像分类的难点就在于相似光谱曲线的特征提取，因此本章采用的波段重组主要是根据波段之间的相关性得到相关系数矩阵，然后利用近邻传播聚类算法(Affinity Propagation，AP)将相似波段聚类重组。如高光谱数据集可以看作三维张量 $\boldsymbol{X}\in\mathbf{R}^{m\times n\times b}$，$x_{ijk}$ 表示 $\boldsymbol{X}$ 在空间位置为(i,j)第 k 波段对应的值，则 k_1 和 k_2 波段对应的相关系数为

$$c(k_1,k_2)=\frac{\sigma(k_1,k_2)}{\sqrt{\sigma(k_1,k_1)\sigma(k_2,k_2)}}$$

其中，$\sigma(k_1,k_2)$表示第 k_1 波段和第 k_2 波段的协方差，有

$$\sigma(k_1,k_2)=\sum_{i=1}^{m}\sum_{j=1}^{n}(x_{ijk_1}-\overline{x}_{..k_1})(x_{ijk_2}-\overline{x}_{..k_2})$$

式中：$\overline{x}_{..k_1}$ 表示第 k_1 波段所有像元的均值。

作为卷积神经网络，如果直接在整个波段范围中进行特征提取并分类，本该需要深入挖掘特征的相似波段与其他波段同等地位，进而降低了卷积神经网络的收敛速度，因此，如果想提高卷积神经网络的收敛速度，进行波段重组是十分必要的。

高光谱图像的谱-空联合分类问题，一直都是研究的热点，目前已有很多取得了不错效果的算法，相对于传统谱-空联合分类算法而言，基于深度学习方法的谱-空联合分类算法以其提取特征更加“智能”在高光谱图像分类上一枝独秀，已经引起了越来越多研究人员的关注。目前来说，基于卷积神经网络的高光谱图像分类效果是最佳的，但是也暴露出了一些问题：①网络结构过于复杂，所需训练参数太多；②网络在训练时需要迭代成千上万次，网络收敛速度过慢；③没有考虑到高光谱图像的自身特点，仅仅将高光谱图像原始数据作为输入训练网络。

7.3　基于三维卷积神经网络的谱-空联合分类算法

针对高光谱图像分类问题，研究人员提出了一些基于一维卷积神经网络的高光谱图像谱分类方法。但这些方法大多仅考虑了光谱信息，将目标像元的光谱信息作为一维卷积神经网络的输入进行训练得到分类结果。在此基础上，有学者又提出了基于二维卷积神经网络的高光谱图像谱-空联合分类，首先利用主成分分析方法对高光谱数据在光谱域上进行降维处理，在第一主成分目标像元邻域选取一个方形邻域空间，并以此作为二维卷积神经网络的输入进行训练得到分类结果；虽然二维卷积神经网络在一定程度上考虑到了高光谱图像的空间特性，但是利用主成分分析方法将导致光谱信息的丢失，基于此，又有学者提出了将三维卷积神经网络用于高光谱图像谱-空联合分类上。

利用三维卷积神经网络进行高光谱图像的谱-空联合分类，直接在高光谱图像目标像元邻域选取方形空间，并将这样的立方体数据作为三维卷积神经网络的输入进行训练得到分类结果，其分类算法示意图如图 7.1 所示，使用了两层卷积层和两层下采样层最终通过一个分类层得到分类结果。

对于直接将高光谱图像数据运用三维卷积神经网络进行特征提取并分类存在以下三点不足：

(1)网络结构过于复杂,所需训练参数太多。对于 Indian Pines 数据集来说,大部分文献中总共使用了 3 层卷积层和 3 层下采样层,并且各层的特征图分别为 128、192、256,可以看出网络过于复杂,所需训练的参数太多。

(2)往往在训练时所需迭代次数太多,网络收敛速度过慢。文献中网络需要迭代的次数都是 400 次,在训练阶段所需用时大约 30 min。

(3)没有考虑到高光谱图像中各波段的特点,仅将高光谱图像原始数据作为输入训练网络。文中仅直接利用原始数据作为三维卷积神经网络的输入进行训练,但是在高光谱数据中,各波段的相似程度比较高,这往往是造成分类精度不高的主要原因。

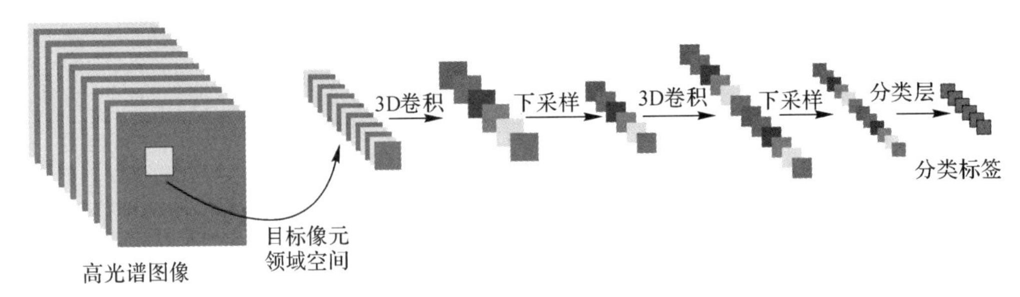

图 7.1　基于三维卷积神经网络的谱-空分类算法

7.4　基于波段重组卷积神经网络的高光谱图像分类算法

为了更好地挖掘高光谱图像中相似波段的特点,且从网络结构上简化网络,加速网络的收敛速度。首先从高光谱图像各波段的特征出发,提出了波段重组的思想,然后对各波段组分别利用三维卷积神经网络进行特征提取,最后将各波段组所提取出来的特征向量进行联合训练并得到最终的分类结果。

前面已经对波段重组必要性进行了分析,现在主要阐述本章算法的具体过程。本章所研究的基于波段重组卷积神经网络的高光谱图像分类算法如图 7.2 所示,该分类算法主要分成三个部分:波段重组、白化处理以及网络训练。

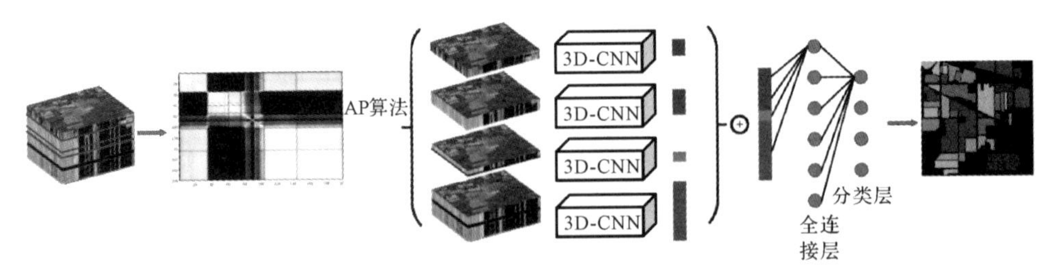

图 7.2　基于波段重组卷积神经网络的高光谱图像分类算法框架

7.4.1 波段重组

高光谱图像分类的难点就在于相似光谱曲线的特征提取上，因此本章所采用的波段重组主要是根据波段之间的相关性得到相关系数矩阵，然后利用AP算法将相似波段聚类重组。设高光谱数据集可以看作三维张量 $\boldsymbol{X} \in \mathbf{R}^{m \times n \times b}$，$x_{ijk}$ 表示 $\boldsymbol{X}$ 在空间位置为 (i,j) 第 k 波段对应的值，则 k_1 和 k_2 波段对应的相关系数为

$$c(k_1,k_2)=\frac{\sigma(k_1,k_2)}{\sqrt{\sigma(k_1,k_1)\sigma(k_2,k_2)}}$$

其中，$\sigma(k_1,k_2)$ 表示第 k_1 波段和第 k_2 波段的协方差，有

$$\sigma(k_1,k_2)=\sum_{i=1}^{m}\sum_{j=1}^{n}(x_{ijk_1}-\bar{x}_{..k_1})(x_{ijk_2}-\bar{x}_{..k_2})$$

式中：$\bar{x}_{..k_1}$ 表示第 k_1 波段所有像元的均值。

AP算法是由Frey在2007年*Science*上提出的一种高效的聚类算法，相对于 K-means 等其他聚类算法而言，其更加稳定，且不需要事先设定聚类类别数，完全由算法决定。AP算法的核心思想是利用数据集中两两数据之间相似度量值组成的相似度矩阵 $\boldsymbol{S}$，通过迭代的方式，使之达到最大迭代次数或者聚类代表点不发生变化为止，交替更新 $\boldsymbol{R}$ 和 $\boldsymbol{A}$ 信息。

给出 N 个数据点组成一个数据集 $\boldsymbol{X}=[\boldsymbol{x}_1,\boldsymbol{x}_2,\cdots,\boldsymbol{x}_N]\in \mathbf{R}^{d\times N}$，则AP聚类算法的具体步骤如下：

(1)计算相似度矩阵 $\boldsymbol{S}$：两两数据点间的相似度值 $s(i,k)$ 可以组成一个 $N\times N$ 的相似度矩阵 $\boldsymbol{S}$，$s(i,k)$ 计算按照下列方法，

$$s(i,k)=\begin{cases}-||\boldsymbol{x}_i-\boldsymbol{x}_k||, & i\neq k\\ p(k), & i=k\end{cases}$$

其中，当 $i=k$ 时，$p(k)$ 表示选取数据点 k 作为类代表点的可能性大小，该值越大则表示该数据点被选作为类代表点的可能性就越大。一般来说，取 $p(k)$ 为 $\boldsymbol{S}$ 非对角元素中的最小值。

(2)信息的相互传递：AP聚类算法是核心依据是两两数据点间的信息 $r(i,k)$ 和信息 $a(i,k)$ 的之间的交互来完成聚类。其中 $r(i,k)$ 表示数据点 $\boldsymbol{x}_k$ 被选作为数据点 $\boldsymbol{x}_i$ 类代表点可能性的大小，$a(i,k)$ 则表示数据点 $\boldsymbol{x}_k$ 把数据点 $\boldsymbol{x}_i$ 选作为类代表点可能性的大小。两类信息分别按如下方法，

$$r(i,k)=s(i,k)-\max_{k'\neq k}\{a(i,k')+s(i,k')\}$$

$$a(i,k)=\begin{cases}\min\{0,r(k,k)+\sum\limits_{i'\notin\{i,k\}}\max\{0,r(i',k)\}\}, & i\neq k\\ a(k,k)=\sum\limits_{i'\neq k}\max\{0,r(i',k)\}, & i=k\end{cases}$$

经验证，上式过程会存在一定的振荡，即收敛速度较慢，因此需要引入阻尼因子 λ，且 $\lambda\in(0,1)$，一般取 $\lambda=0.5$。信息传递过程如下式所示：

$$r(i,k)^{t+1}=(1-\lambda)\cdot r(i,k)^{t+1}+\lambda\cdot r(i,k)^{t}$$

$$a(i,k)^{t+1}=(1-\lambda)\cdot a(i,k)^{t+1}+\lambda\cdot a(i,k)^{t}$$

(3)确定类代表点:如果$\boldsymbol{x}_k$ 要作为$\boldsymbol{x}_i$ 的类代表点,k 要满足公式

$$\arg\max\{a(i,k)+r(i,k)\}$$

上式的含义是,当 i 一定时,使得 $a(i,k)+r(i,k)$取得最大值的 k 值。

(4)终止迭代:当达到预先设定的最大迭代次数或者经过类代表点不再发生变化时,此时算法结束。

以上就是 AP 聚类算法的基本步骤,在本章中,将相关矩阵的对角线上的元素换为非对角元素的最小值,将改变后的相关矩阵作为相似度矩阵运用 AP 聚类算法得到分组情况见表 7.1。

表 7.1 AP 聚类算法在 Indian Pines 数据集重组结果

波段组	Group 1	Group 2	Group 3	Group 4	Group 5	Group 6
波段	2～35	1、37～79	83～87/91/94/96～97	88～90	36/80～82/92～93/95/98～101	102～200
波段数	34	44	9	3	11	99

考虑到后续利用三维卷积神经网络对各波段组内进行特征提取,针对 Group3、Group4 和 Group5 波段数量都较少,这样对后续的三维卷积核在光谱域上选择存在制约,将以上三组合并在一起,则最终分组情况见表 7.2。

表 7.2 Indian Pines 数据集波段合并结果

波段组	Group 1	Group 2	Group 3	Group 6
波段	2～35	1、37～79	36、80～101	102～200
波段数	34	44	23	99

7.4.2 白化处理

一般来说,在训练网络之前都需要进行数据预处理,常见的预处理有归一化、标准化、PCA 白化等。相对于其他两种方式来说,白化在一定程度上降低了高光谱数据在各波段之间相关性,能够使网络训练速度更快更稳定,所以对各波段组内分别进行 PCA 白化预处理。假设某一波段组 $\boldsymbol{G}\in\mathbf{R}^{n\times d}$($d$ 表示波段数)由 PCA 得到的特征值为 $\lambda_1,\lambda_2,\cdots,\lambda_d$,与之相对应的特征向量分别为$\boldsymbol{w}_1,\boldsymbol{w}_2,\cdots,\boldsymbol{w}_d$,且满足 $\lambda_1\geqslant\lambda_2\geqslant\cdots\geqslant\lambda_d$。记

$$\boldsymbol{\Lambda}=\mathrm{diag}\{\lambda_1,\lambda_2,\cdots,\lambda_d\}$$

$$\boldsymbol{W}=\mathrm{diag}\{\boldsymbol{w}_1,\boldsymbol{w}_1,\cdots,\boldsymbol{w}_d\}$$

则 PCA 白化得到

$$\boldsymbol{G}_{\text{whitening}}=\boldsymbol{W}\cdot\boldsymbol{\Lambda}^{-1/2}\cdot(\boldsymbol{G}-\overline{\boldsymbol{G}})$$

其中,$\overline{\boldsymbol{G}}=1/n\sum_{i=1}^{n}\boldsymbol{G}_i$,$\boldsymbol{G}_i$ 为 $\boldsymbol{G}$ 的第 i 个列向量。

以 Group1 为例，在白化处理前，波段 6 和波段 7 的灰度图如图 7.3(a)(b)所示，其相关系数为 0.992 1。利用 PCA 白化之后，波段 6 和波段 7 的灰度图如图 7.3(c)(d)所示，其相关系数为 0。

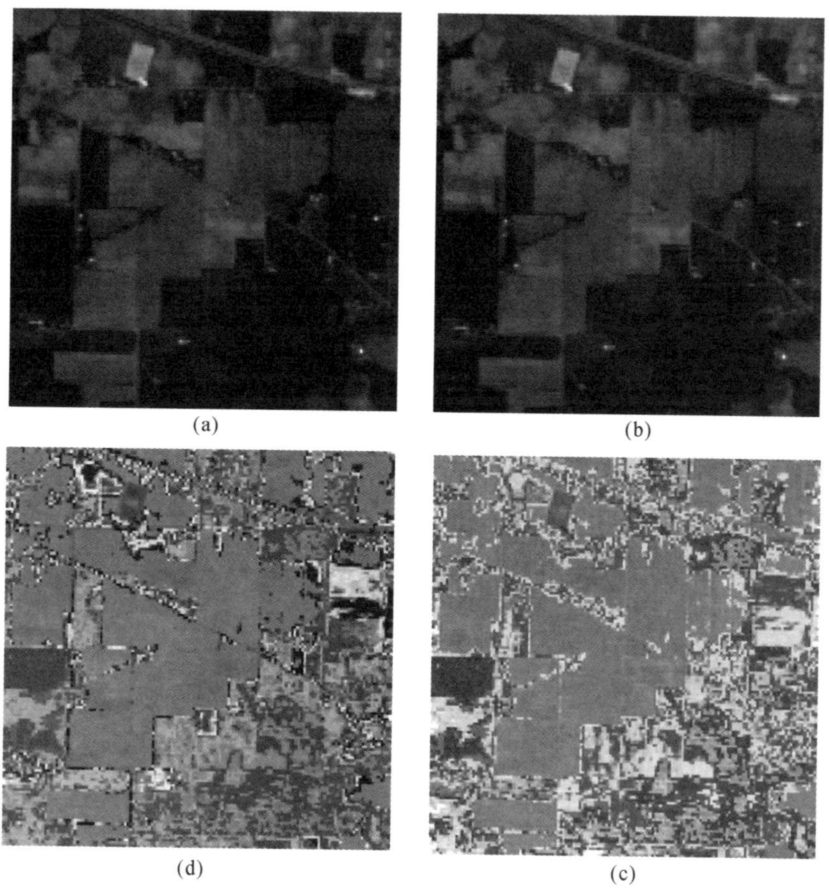

图 7.3　白化前后对比图

(a)波段 6 白化前；(b)波段 7 白化前；(c)波段 6 白化后；(d)波段 7 白化后

7.4.3　网络训练

经过白化处理后的各波段组，设高光谱数据分为 g 个波段组，其中某个波段组可以表示为$\boldsymbol{G}_k \in \mathbf{R}^{m\times n\times b_k}$，$k=1,2,\cdots,g$。考虑到高光谱图像的谱－空信息，即不单单使用待分类像元的光谱特性曲线，将其周围的邻域空间信息也考虑在内。一般来说取一个大小为 w 的邻域空间，此时待分类的对象可以表示为一个三维张量$\boldsymbol{x}_{(i,j)}^{k} \in \mathbf{R}^{w\times w\times b_k}$，将此三维张量运用三维卷积神经网络进行分类。

对于卷积层来说，特征图的数量、卷积核大小和激活函数选取都是至关重要的。特征图数量选择确保逐层增加，且最终“压平”后的向量长度不会超过全连接层隐含神经元数量的

2倍;由于高光谱邻域窗口 w 不会太大,意味着卷积核大小 $k_1 \times k_2 \times k_3$ 中空间域的 k_1、k_2 都不能选取太大,因此在本章中 $k_1 = k_2 = 2$ 或 3,而 k_3 的选择则需根据所重组的波段中波段数决定,确保使网络规模满足上述要求;对于激活函数来说,rectifier 激活函数,其稀疏性更加符合神经科学的研究,且在网络训练时速度远远大于其他激活函数,如 sigmoid、tanh 函数,因此激活函数选择 rectifier。

对于下采样层来说,下采样的方式也对网络训练影响极大。考虑到为了提升网络的训练速度,本章使用最大下采样方式(Max-Pooling),且采样间隔在三个维度上都是 2。通过 3D-CNN 得到高层抽象特征,利用"压平"操作可以得到一维向量。将各波段组得到的高层特征向量堆叠起来接入全连接层和分类层进行训练。对于全连接层来说,使用 sigmoid 激活函数,100 个隐含层神经元。对于分类层来说,高光谱分类是多分类问题,所以选择 softmax 分类层,这样就可以将输出看作为某像元属于某类的概率。对于网络训练来说,采用 Nadam 算法(见表 7.3)对网络进行训练,该算法是由 Adam 算法改进得到,相对于 SGD 算法,收敛速度更快,精度更高。为防止网络过拟合,本章算法中对网络中引入 dropout 机制。

表 7.3　Nadam 算法

输入:$f(\boldsymbol{\theta})$、初始值 $\boldsymbol{\theta}_0$、迭代终止条件 ε、μ、ν、μ_t、η
输出:$\tilde{\boldsymbol{\theta}} = \arg\min_{\theta}\{f(\boldsymbol{\theta})\}$
①初始化 $\boldsymbol{m}_0 = 0$、$\boldsymbol{n}_0 = 0$
②计算梯度 $\boldsymbol{g}_t = \nabla_{\theta t-1} f(\boldsymbol{\theta}_{t-1})$
③将梯度规范化 $\hat{\boldsymbol{g}}_t = \boldsymbol{g}_t / (1 - \prod_{i=1}^{t} \mu_i)$
④ 计算动量 $\boldsymbol{m}_t = \mu \boldsymbol{m}_{t-1} + (1-\mu)\boldsymbol{g}_t$
⑤ 将动量规范化 $\hat{\boldsymbol{m}}_t = \boldsymbol{m}_t / (1 - \prod_{i=1}^{t+1} \mu_i)$
⑥ 计算自适应参数 $\boldsymbol{n}_t = \nu \boldsymbol{n}_{t-1} + (1-\nu)\boldsymbol{g}_t^2$
⑦ 将自适应参数规范化 $\hat{\boldsymbol{n}}_t = \boldsymbol{n}_t / (1-\nu^t)$
⑧ 计算最终动量 $\bar{\boldsymbol{m}}_t = (1-\mu_t)\hat{\boldsymbol{g}}_t + \mu_{t+1}\hat{\boldsymbol{m}}_t$
⑨ 如果 $\lvert \bar{\boldsymbol{m}}_t \rvert < \varepsilon$,输出 $\tilde{\boldsymbol{\theta}} = \boldsymbol{\theta}_{t-1}$;否则,$\boldsymbol{\theta}_t = \boldsymbol{\theta}_{t-1} - \eta \bar{\boldsymbol{m}}_t / (\sqrt{\hat{\boldsymbol{n}}_t} + o)$,转到 ②

7.5　实验验证及结果分析

7.5.1　Indian Pines 数据集

针对于 Indian Pines 数据集,前面已经给出了波段组合。从已知样本中随机选择每类样本的 10%作为训练样本,其余 90%为测试样本,选择窗口大小为 $w=11$。为了方便描述,将卷积层和下采样层写在一起，网络总共有 6 层，包括 2 层卷积层、2 层下采样层、1 层全连接层以及 1 层分类层。该算法参数通过多次实验，选取最优参数。

各算法分类正确率见表 7.4，从实验数据中可以看出，1D－CNN－BG 相对于 1D－CNN 来说，有所提高，但是并不明显，在大部分类别中，3D－CNN－BG 的分类精度是最高的，比 3D－CNN 提高了大约 2%。

表 7.4　Indian Pines 数据集：各算法分类正确率

Method	1D－CNN	1D－CNN－BG	3D－CNN	3D－CNN－BG
OA(%)	62.89±1.06	66.44±0.42	95.83±0.21	**97.42±0.35**
AA(%)	51.60±0.68	56.30±1.73	93.19±1.24	**94.86±0.32**
kappa×100	57.01±1.21	61.21±0.44	95.25±0.24	**97.06±0.21**
Alfalfa	16.85±2.37	20.65±3.26	90.22±6.24	**91.30±3.83**
Corn-notill	56.11±3.02	56.07±3.21	93.86±1.31	**96.67±0.67**
Corn-mintill	37.89±1.99	40.72±2.53	95.24±1.48	**95.69±1.05**
Corn	21.94±4.51	26.27±4.17	93.46±3.61	**95.15±1.73**
Grass-pasture	63.51±1.65	70.86±6.38	**96.43±1.28**	95.34±1.84
Grass-trees	89.45±2.53	92.95±2.07	**99.42±0.11**	99.08±0.31
Grass-pasture-mowed	13.39±4.64	22.32±7.73	90.18±15.02	**95.54±5.85**
Hay-windrowed	88.49±3.48	98.01±0.31	**100.00±0.00**	99.95±0.02
Oats	10.00±0.00	17.50±5.59	62.50±10.31	**63.75±3.83**
Soybean-notill	45.45±4.00	48.97±1.21	93.29±0.54	**95.96±1.07**
Soybean-mintill	70.82±3.68	74.29±2.82	96.22±0.91	**97.92±0.50**
Soybean-clean	37.31±3.79	42.88±3.50	92.66±1.41	**96.63±0.84**
Wheat	88.54±2.35	87.68±2.35	**99.63±0.30**	98.66±1.80
Woods	87.41±4.13	91.11±1.21	98.99±0.85	**99.31±0.48**
Buildings-Grass-Trees-Drives	34.39±4.02	37.89±4.66	92.23±3.13	**99.16±0.81**
Stone-Steel-Towers	63.98±6.11	72.58±10.49	96.77±1.52	**97.58±0.89**

实验效果如图 7.4 所示，从图中可以看出，总体而言，使用了谱-空信息联合分类的 3D－CNN 和 3D－CNN－BG 噪声点更少，视觉效果上更加平滑。1D－CNN 和 1D－CNN－BG 算法在总体分类精度上都比较低，这是因为实验中将每个算法都只迭代了 100 次，但是本章提出的 3D－CNN－BG 却能在仅仅 100 次的迭代中取得较高的分类精度，这可以说明，本算法相对于其他算法来说，收敛速度更快。图 7.5 所示为各算法随着迭代次数的增加其总体分类精度变化曲线，从图中可以看出，本算法在 Indian Pines 数据集上只需要 100 次迭代分类精度已经能达到 97.42%，虽然 3D－CNN 网络也收敛较快，但是其精度并没有本章所提出的 3D－CNN－BG 收敛速度快，随着迭代的次数达到 2 000 时，本章算法的分类精度能够

达到 98.79%，然而其他三个算法分别能达到 92.66%、95.13%和 96.67%(见图 7.6)。

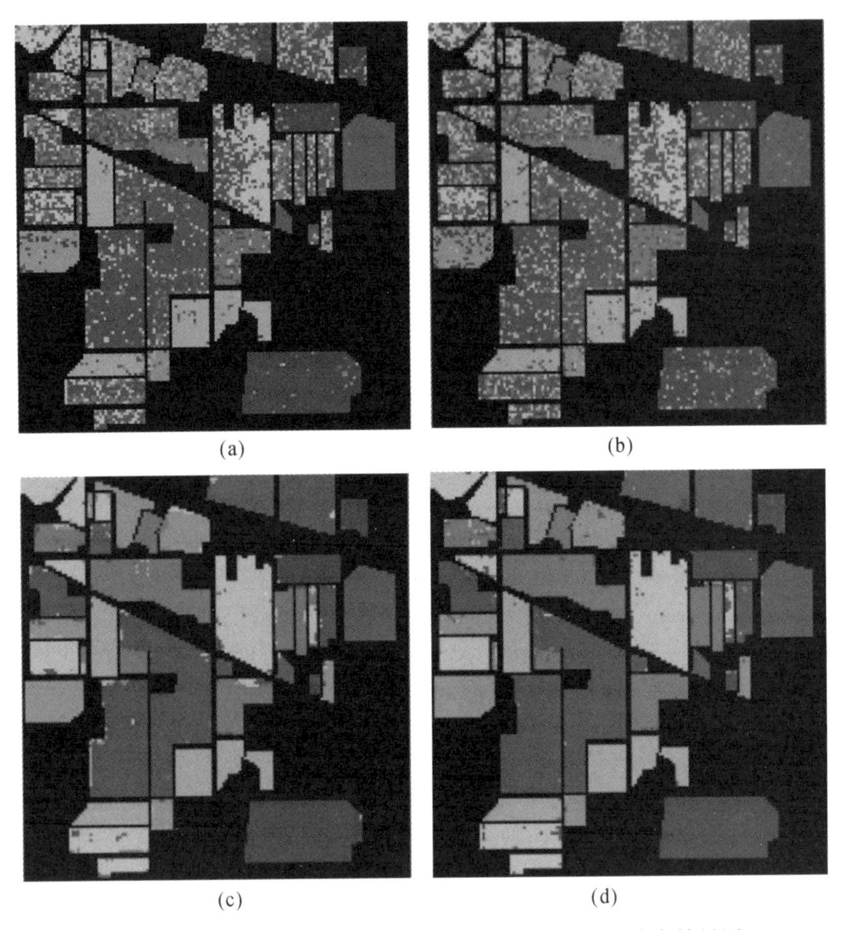

图 7.4　Indian Pines 数据集：100 次迭代后各算法的分类结果图

(a) 1D-CNN；(b) 1D-CNN-BG；(c) 3D-CNN；(d) 3D-CNN-BG

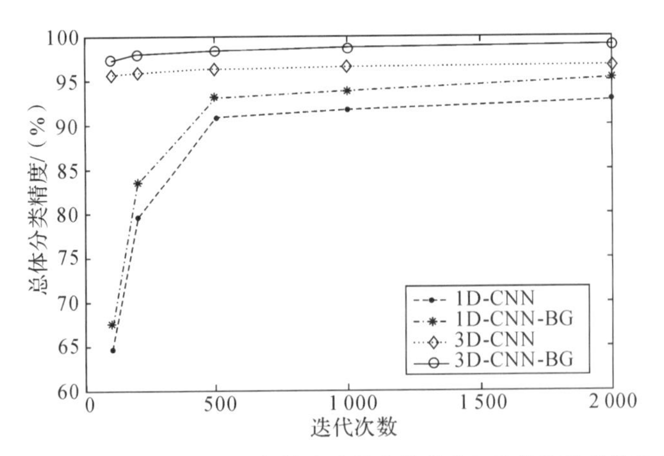

图 7.5　Indian Pines 数据集：各算法总体分类精度与迭代次数的关系曲线

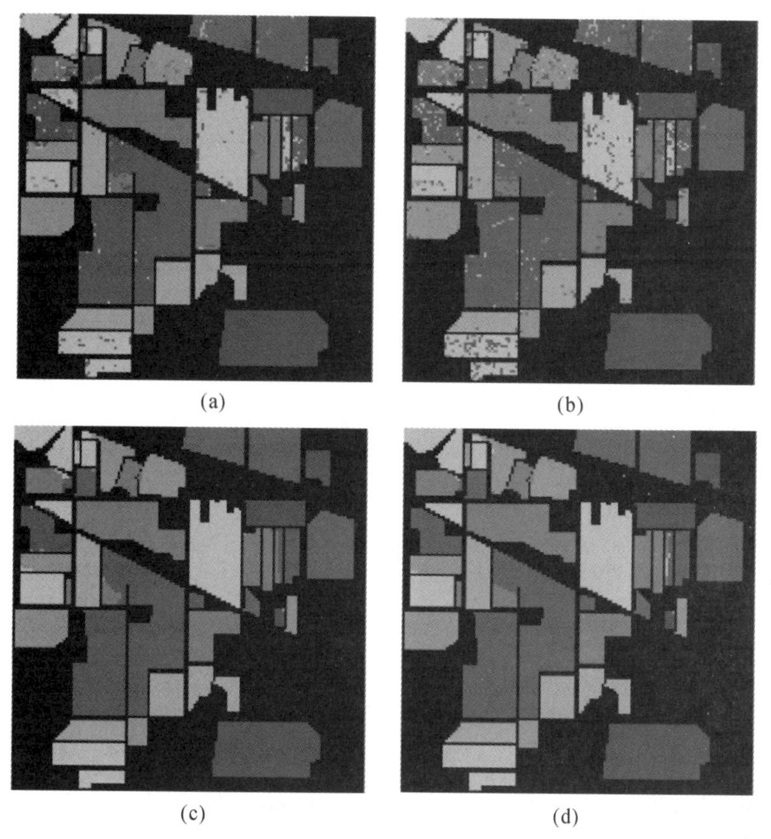

图7.6 Indian Pines 数据集:2 000 次迭代后各算法分类结果图
(a)1D-CNN;(b)1D-CNN-BG;(c)3D-CNN;(d)3D-CNN-BG

7.5.2 Pavia University 数据集

针对于 Pavia University 数据集,从已知样本中随机选择每类样本的10%作为训练样本,其余90%为测试样本,按照本章分类算法的步骤,首先计算 University 数据集的相关矩阵,再利用 AP 聚类算法进行波段重组,得到波段组合情况见表7.5。

表7.5 AP 聚类算法在 University 数据集上波段重组

波段组	Group 1	Group 2	Group 3
波段	1~38	39~73	74~103
波段数	38	35	29

各算法分类正确率见表7.6,从实验数据中可以看出,1D-CNN-BG 相对于 1D-CNN 来说,有所提高,但是并不明显,在大部分类别中,3D-CNN-BG 的分类精度是最高的,比 3D-CNN 提高了大约1%。从图7.7中可以看出,使用了谱-空信息联合分类的 3D-CNN 和 3D-CNN-BG 噪声点更少,看着更加平滑些。

表 7.6 University 数据集:各算法分类正确率

算法	1D - CNN	1D - CNN - BG	3D - CNN	3D - CNN - BG
OA/(%)	92.01±0.61	93.32±0.47	95.61±0.69	**96.87±0.91**
AA/(%)	89.87±0.87	91.44±0.79	92.79±0.25	**94.86±0.61**
Kappa×100	89.36±1.90	91.09±1.23	94.16±0.86	**97.06±1.68**
Asphalt	93.53±1.23	94.69±0.92	96.38±1.04	**96.47±0.50**
Meadows	96.53±1.18	97.81±1.39	**99.21±0.66**	99.06±0.89
Gravel	72.08±0.50	78.94±0.79	80.71±0.28	**82.94±0.50**
Trees	93.77±0.40	94.97±0.52	98.60±0.36	**98.76±0.40**
Painted metal sheets	98.81±0.63	99.26±0.65	99.85±0.03	**100.00±0.00**
Bare Soil	80.89±0.72	81.39±0.76	90.99±0.73	**96.66±0.91**
Bitumen	83.16±0.35	86.02±0.72	78.05±3.14	**86.54±0.33**
Self-Blocking Bricks	90.17±0.79	90.01±0.82	92.21±0.27	**94.89±0.57**
Shadows	99.89±0.02	99.89±0.03	99.16±0.59	**100.00±0.00**

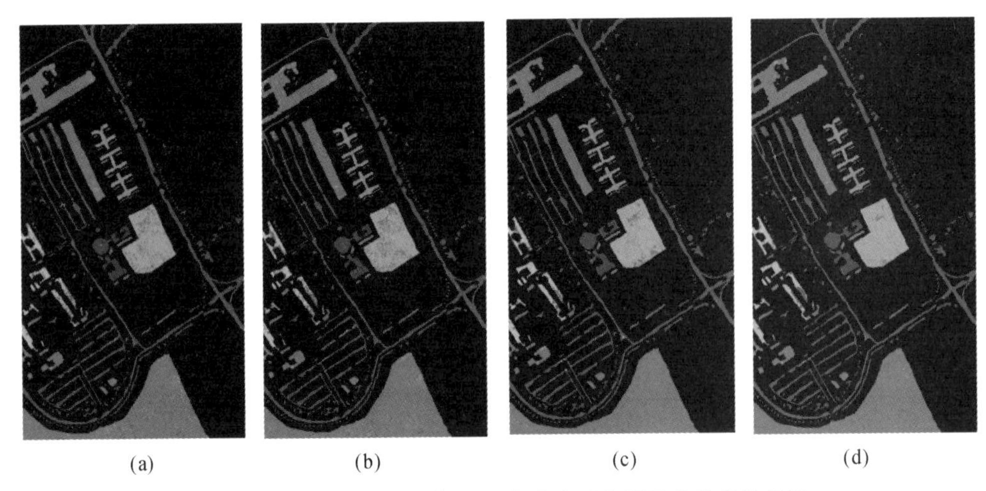

(a) (b) (c) (d)

图 7.7 University 数据集:100 次迭代后各算法的分类结果图

(a)1D - CNN;(b)1D - CNN - BG;(c)3D - CNN;(d)3D - CNN - BG

从实验数据中可以看出,1D - CNN - BG 相对于 1D - CNN 来说有所提高,但是并不明显,在大部分类别中,3D - CNN - BG 的分类精度是最高的,比 3D - CNN 提高了大约 1%;使用了谱-空信息联合分类的 3D - CNN 和 3D - CNN - BG 噪声点更少,视觉效果上更加平滑。

同样,随着迭代次数的增加,各算法的分类精度都有所提高,但是增加幅度并不明显,可以认为针对于 University 数据集来说,波段重组对分类精度有所提高,但对收敛速度来说,以上 4 种方法都几乎能在 100 次迭代中达到收敛。

7.5.3　算法参数敏感性分析

为了分析各参数对最终分类结果的影响，本章主要研究卷积核大小、激活函数和 Dropout 对最终实验的影响，实验以 Indian Pines 数据集为例。

1. 邻域空间窗口大小

高光谱邻域空间窗口大小是一个需要考虑的参数，分别计算 $w=7,9,11,13,15,17$ 时所对应的分类精度从而确定 w 的取值，实验各进行 10 次，每次训练迭代 100 次，取最终各分类指标的平均值加以观察，各分类指标与 w 的关系曲线如图 7.8 所示。从图中可以看出，随着 w 的增加，各分类指标先增大而后减小，可以看出 w 并不是越大越好，当 $w=11$ 时，各分类指标都达到了一个较高的值。

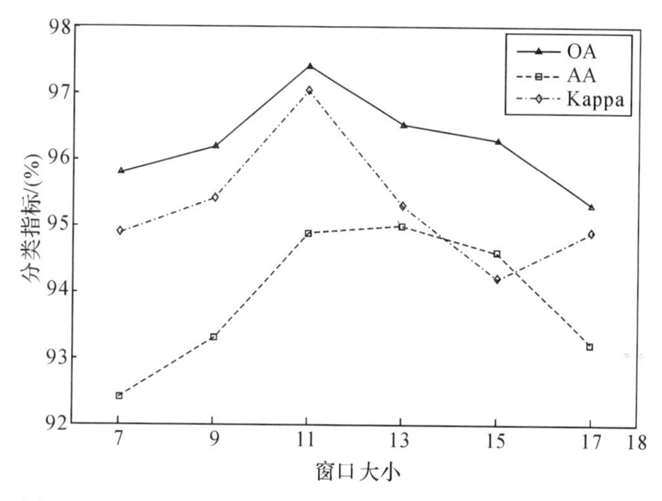

图 7.8　Indian Pines 数据集：各分类指标与邻域窗口大小关系

2. 卷积核大小

卷积核大小也是影响最终分类精度的一项因素。为了比较卷积核大小对最终分类的影响，主要将卷积核看作为空域核和光谱核两部分，即可表示为 $k_{spa}\times k_{spa}\times k_{spe}$，因此主要改变 k_{spa} 和 k_{spe} 这两个值，得到最终分类结果所受到的影响，同样独立进行 10 次实验，取最终各分类指标的均值作为参数选择的依据，每次训练迭代 100 次，实验中取 $k_{spa}=2$ 和 3，$k_{spe}=2,3,4,5,6$，最终各分类指标与 k_{spa} 和 k_{spe} 的关系如图 7.9 所示。从图中可以看出，当 $k_{spa}=2$、$k_{spe}=3$ 时各项分类指标都是最高的，因此卷积核大小选择为 $2\times2\times3$。

3. Dropout

Dropout 主要是为了防止出现过拟合的一种策略，为了比较有无 Dropout 时的效果，设置分别在有 Dropout 和无 Dropout 时训练迭代 100 次的实验，训练误差曲线如图 7.10 所示。从图中可以看出，当存在 Dropout 时，网络训练不会出现过拟合，没有 Dropout 时，网络就会陷入过拟合，因此适当加入 Dropout 是有效的。

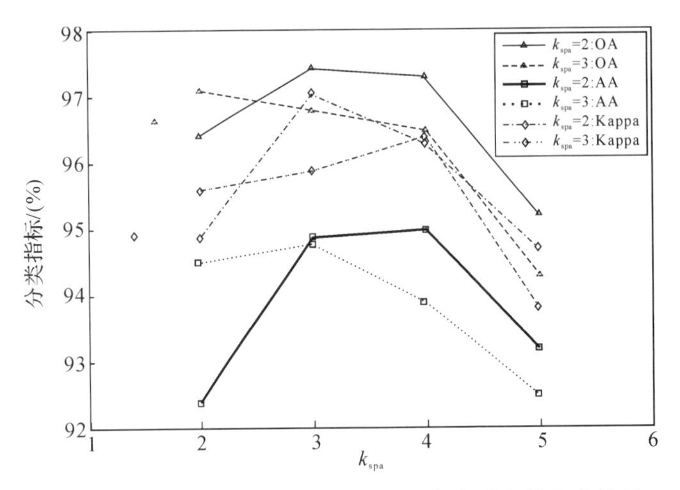

图 7.9 Indian Pines 数据集：各分类指标与卷积核大小关系

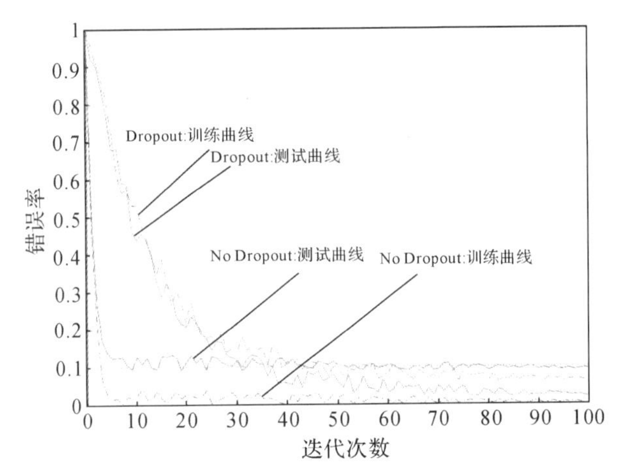

图 7.10 Indian Pines 数据集：有无 dropout 对比图

4. 激活函数

在卷积神经网络，常见的激活函数往往选择 rectifier 函数，为了从实验上说明 rectifier 函数确实最佳，选择其他两种 sigmoid 函数和 tanh 函数作为对比，得到训练曲线如图 7.11 所示。从图中可以看出，rectifier 函数训练更佳，tanh 很早就收敛了，精度太低，而 sigmoid 函数错误率也在 30%左右，因此选择 rectifier 函数是合理的。

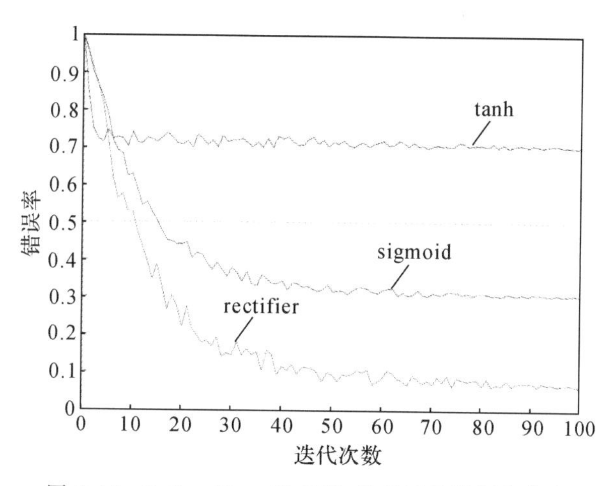

图 7.11　Indian Pines 数据集:各激活函数训练曲线

7.6　本章小结

本章主要研究了基于波段重组和卷积神经网络的谱一空联合分类算法。从高光谱图像谱域波段的特点入手,利用近邻传播聚类算法将高光谱图像各波段进行重组,然后对各个波段组内独立使用白化操作,以消除各波段组内的相关性,并对每个波段组利用三维卷积神经网络进行特征提取,将所得到的特征向量合并后再使用全连接层和分类层得到最终分类结果。相对于直接使用三维卷积神经网络进行高光谱图像的分类而言,本章所提出的算法在网络的收敛速度上得到了提升,利用波段重组后,能够使卷积神经网络更加充分利用挖掘相似波段的特征从而提高分类精度。

第8章　基于聚类卷积神经网络的高光谱图像高精度地物分类

8.1　概　　述

第7章主要从光谱域的角度通过波段重组的方式提高了卷积神经网络的收敛速度和分类精度，为了更加充分利用空间中有意义的信息，可以从空间域的角度出发，通过将 K 近邻(K-Nearest Neighbor，KNN)算法作为预处理手段，选取有意义的空间信息，再使用谱-空联合的稀疏表示进行分类，提高卷积神经网络的收敛速度和分类精度。虽然上述思路很好地将有意义的空间信息与光谱信息联合起来运用，但是即使这样选取的空间信息各光谱信息并不是等同地位的，越相似的其所占的比例必定越大。

基于此，本章研究一种基于KNN的三维CNN的高光谱图像谱-空分类算法，同样使用KNN进行有意义的空间信息预选取，不同的是，再根据光谱相似性对空间信息中各成分进行加权，从而使得空间信息中光谱特征更加分明，最后利用三维CNN对所得到加权空间信息进行分类。相对于直接将邻域空间中空间信息进行分类而言，能够在预处理阶段排除干扰信息，使得CNN收敛速度更快。此外，与基于联合稀疏表示的方法比较，本方法运用的三维CNN在特征提取上更加具有优势。

8.2　高光谱图像空间信息特征分析

高光谱图像谱-空联合特征提取上，常常都是以目标像元为中心选取一块正方形的区域，只考虑空间邻域信息，忽略了非邻域空间信息。这样的空间信息选取方式，特别在各类别相邻处，将不同类别的空间光谱信息也考虑在内，这样就会存在干扰的空间信息，从而导致CNN收敛速度变慢、分类精度低，如图8.1所示，图中0和1分别代表着两种类别，按照传统的空间信息选取方式，以目标像元为中心(图中粗线1)，选取5×5的窗口进行空间信息选取。这样的选取方式将属于类别0的像元也考虑在内，很显然这样的方式很不合理。

以第3章实际分类结果作为分析对象，分别分析Indian Pines数据集和University数据集的分类结果。Indian Pines数据集真值图、分类结果图和局部放大图如图8.2所示，在局部放大图中，白色方框为 $w=11$ 的空间邻域信息，可以看出这样的选取后，还包含了其他类别的光谱信息，进而导致这些区域的分类结果还包括其他类别标签。

1	1	1	1	1
0	0	1	1	1
0	0	1	1	1
0	0	0	1	1
0	0	0	1	1

图 8.1　传统空间信息选取方式

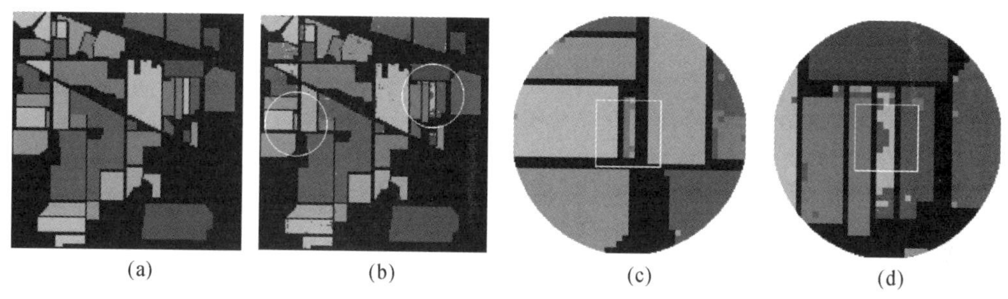

(a)　(b)　(c)　(d)

图 8.2　Indian Pines 数据集：3D - CNN - BG 分类结果

(a)真值图；(b)分类结果；(c)局部放大图 1；(d)局部放大图 2

University 数据集的实验结果真值图、分类结果图和局部放大图如图 8.3 所示。在局部放大图中白色方框为 $w=13$ 的空间邻域信息，这样不仅包括了部分其他类别的光谱信息，还包括了很多无标签的光谱信息，这些都会对分类结果造成很大的影响。

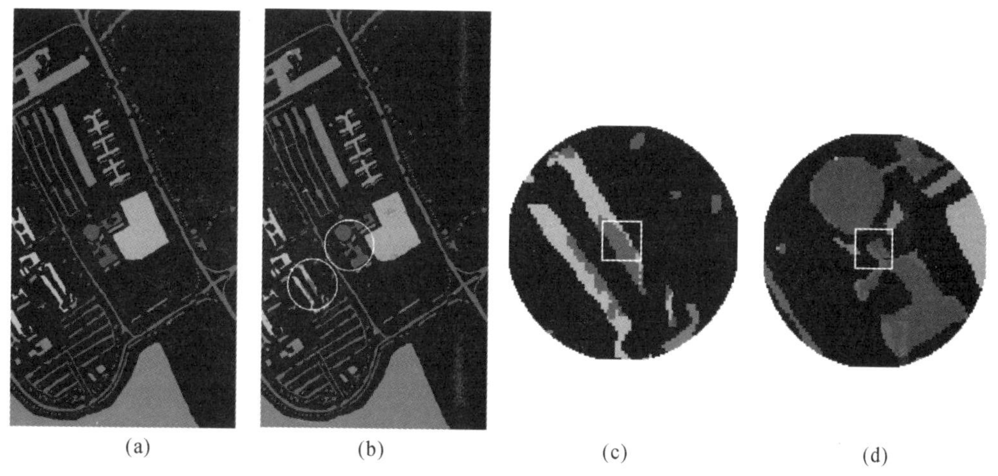

(a)　(b)　(c)　(d)

图 8.3　University 数据集：3D - CNN - BG 分类结果

(a)真值图；(b)分类结果；(c)局部放大图 1；(d)局部放大图 2

不仅如此，该窗口大小的选取也是直接影响分类精度的关键因素。如果窗口大小选得过大，将导致部分干扰空间信息被选入；如果窗口大小选得过小，则空间信息又会稍显不足，不利于分类。如果能够将空间中非邻域但却与目标像元光谱特征相似的空间信息作为谱-

空信息,排除邻域中却非同类空间信息的干扰,即得到有意义的空间信息。

8.3 加权 K 近邻结合 3D-CNN 的高光谱谱-空联合分类算法

为了能够自适应地选取空间信息,即在各类别相邻处,所以选取的空间信息仅仅包含同类别的像元,而不包括不同类别的像元是至关重要的。本章所提出的基于加权 KNN 和 3D-CNN 的高光谱谱-空联合分类算法(WKNN-3D-CNN)如图 8.4 所示。其主要包括利用 KNN 选取有意义的空间信息,并根据光谱特征相似性对空间信息中各光谱进行加权,从而得到加权后的谱-空联合信息,再利用 3D-CNN 网络进行训练分类得到最终的分类结果。设高光谱图像为 $\boldsymbol{X}\in\mathbf{R}^{m\times n\times b}$,其中,$m$,$n$ 表示高光谱图像的空间大小,b 表示高光谱图像的光谱维度。

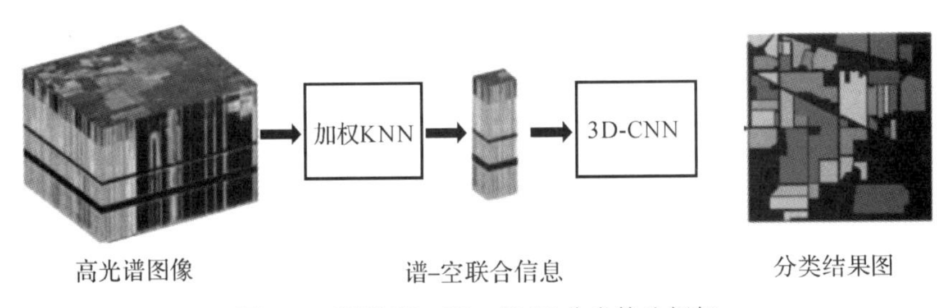

图 8.4 WKNN-3D-CNN 分类算法框架

8.3.1 加权 KNN 提取空间信息

为了使用 KNN 提取空间信息,需要构造特征向量。设高光谱图像中坐标为(i,j)的目标像元$\boldsymbol{x}_{i,j}$ 对应的特征向量$\boldsymbol{F}_{i,j}=[\overline{\boldsymbol{x}}_{i,j};[i;j]\times\gamma]$,其中$\overline{\boldsymbol{x}}_{i,j}$ 为$\boldsymbol{x}_{i,j}$ 单位化后的向量,即$||\overline{\boldsymbol{x}}_{i,j}||_2=1$,$\gamma$ 是为了平衡空间信息与光谱信息所加的参数。当 $\gamma=0$ 时,$\boldsymbol{F}_{i,j}$ 就只考虑了光谱信息,而完全没有考虑空间地理信息,取 $K=25$,此时所得到的像元如图 8.5(a)所示(其中黑色的点为目标像元,白色的点为根据特征空间利用 KNN 找到的相似像元),这样使用 KNN 得到的空间信息就是从所有高光谱图像中根据光谱相似性得到的信息,然而在高光谱图像中,“同谱异类”的现象比较多,所以就会导致前面所提到的将不同类别的光谱信息考虑在内。因此在加入空间地理信息(i,j)后,再使用 KNN 时,就能从就近的像元出发得到更加有意义的空间信息。但是 γ 也不能取太大,如图 8.5(b)所示。平衡参数 γ 通过实验来确定,选择分类精度最高时对应的参数。

传统直接利用所得到的空间信息使用稀疏表示对其进行分类,需要指出的一点就是,虽然得到的空间信息已经将一定的邻域内“同谱异类”的空间信息排除掉,但是由于使用 KNN 进行提取时,有个特别重要的参数就是近邻的个数 K 值的确定。如果 K 值选取得太大,则一些“同谱异类”的空间信息就会再一次选入;而如果 K 值太小,将导致后续分类时谱-空信息不充分。考虑到这点，本章选取 K 值根据实验确定，并且根据前面构造的特征向量对各光谱特征进行加权。设目标像元为 $\boldsymbol{x}_{i,j}$，通过 KNN 得到的 K 个相似像元为 $\{\boldsymbol{x}_{i',j'} \mid (i',j') \in \mathrm{KNN}(\boldsymbol{x}_{i,j})\}$，需要说明一点的是，这 K 个相似像元包括了目标像元本身，也就是说，除去目标像元外，还有 $K-1$ 个相似像元。则其对应的特征向量为 $\{\boldsymbol{F}_{i',j'} \mid (i',j') \in \mathrm{KNN}(x_{i,j})\}$，则最终加权后的空间信息为

$$\hat{\boldsymbol{x}}_{i',j'} = \upsilon_{i',j'} \boldsymbol{x}_{i',j'}$$

其中

$$\upsilon_{i',j'} = \exp\{-\lambda \mid\mid \boldsymbol{F}_{i',j'} - \boldsymbol{F}_{i,j} \mid\mid^2\},$$

式中：参数 λ 表示调节因子，用于控制特征向量的相似度与权重大小的影响程度。

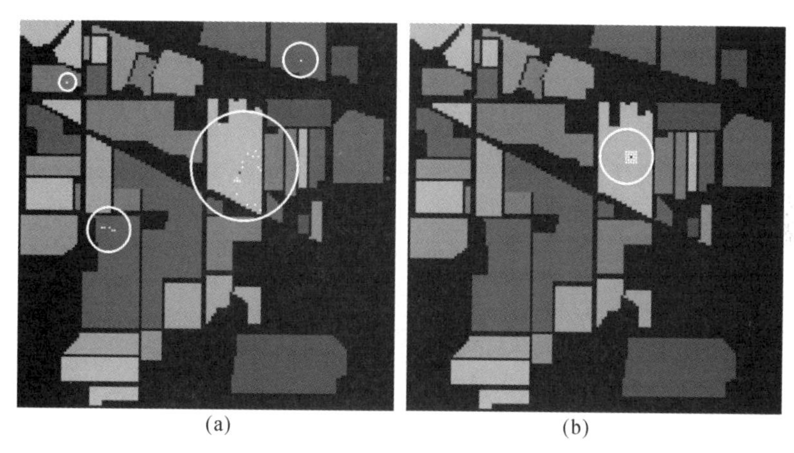

图 8.5　平衡参数对空间信息选取的影响（$K=25$）

(a) $\gamma=0$；(b) $\gamma=0.1$

可以看出，在使用加权 KNN 提取空间信息时，有三个需要选择的参数，分别为 γ、K 和 λ。对于平衡因子 γ 可以通过实验效果来确定，KNN 中的 K 值则尽可能选大一些，因为后续的加权操作能够自适应地对相似程度低的像元赋予低权重，由于后续是使用 3D－CNN 进行分类，所以应当保证 K 个像元刚好能够组合成一个立方体，所以 K 值取二次方数，组合方式如图 8.6 所示，图中为 $K=4$ 的情况，0 代表目标像元，1，2，3 分别根据 KNN 相似性排序依次递减，组合为立方体由左上上角依次排开。对于调节因子 λ 而言，则也根据实验效果来确定。

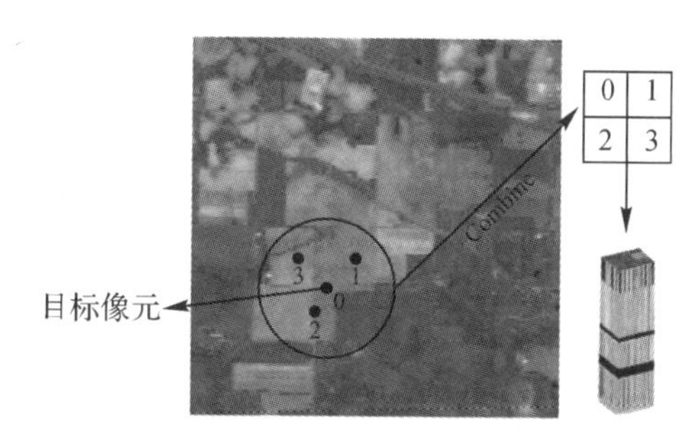

图 8.6　K 个像元组合方式

8.3.2 加权 KNN 结合 3D－CNN 算法

加权 KNN 结合 3D－CNN 算法(WKNN－3DCNN)的实现步骤见表 8.1。

表 8.1 WKNN－3DCNN 算法步骤

输入:高光谱类别数据集 $L=\{1,2,\cdots,N\}$、高光谱图像 $\boldsymbol{X}\in\mathbf{R}^{m\times n\times b}$、训练数据集 $\boldsymbol{T}_\tau=\{(\boldsymbol{x}_1,c_1),(\boldsymbol{x}_2,c_2)\cdots,(\boldsymbol{x}_\tau,c_\tau)\}\in(\mathbf{R}^b\times L)^\tau$
输出:高光谱图像分类结果 ①标准化$\boldsymbol{x}_i$,使其满足$\|\|\boldsymbol{x}_i\|\|_2=1$ ②构造特征空间$\boldsymbol{F}_i=[x_i;[a;b]\times\gamma]$,其中 a,b 分别代表$\boldsymbol{x}_i$ 在高光谱图像中的垂直坐标和水平坐标,γ 表示光谱分量和空间分量的平衡因子 ③利用 KNN 计算每个$\boldsymbol{x}_i$ 在特征空间$\boldsymbol{F}_i$ 中的 K 近邻像元,得到谱-空信息$\boldsymbol{w}_i=\{\boldsymbol{x}_i^1,\boldsymbol{x}_i^2,\cdots,\boldsymbol{x}_i^K\}$ ④根据式 $\hat{x}_{i',j'}=v_{i',j'}x_{i',j'}$ 加权 w_i 中的每个分量 ⑤将$\boldsymbol{w}_i$ 按照图 8.6 的规则组合为三维张量 ⑥训练 3D-CNN 得到最终分类结果

8.4 实验验证及结果分析

本实验仍以公开数据集 Indian Pines 和 Pavia University 验证。在实验前需要确定实验中 γ、K 和 λ 参数的具体值,使用的卷积神经网络参数与前研究内容保持一致。为了测试本章算法的有效性,主要跟常见的谱-空联合分类算法作对比,包括 3D－CNN、3D－CNN－BG、KNN－SR 和 JSRC,各算法邻域窗口大小与 $K=81$ 一致,其余参数与参考文献保持一致,对于神经网络算法都迭代 100 次。

8.4.1 Indian Pines 数据集

针对 Indian Pines 数据集,$K=81$,$\gamma=0.01$、$\lambda=500$,从已知样本中随机选择每类样本的 10%作为训练样本,其余 90%为测试样本,设计网络结构和前一章使用网络一致。首先分析与传统的空间信息选取的区别,如果未使用加权策略,所得到的相似像元如图 8.7 所示(其中白色框为传统的空间信息选取方式),可以看出此时还是包括了较多其他类别和没有标签信息的空间光谱信息,这 81 个相似像元的加权系数如图 8.8 所示,如果忽略加权系数小于 0.1 的像元,此时所选取的加权空间信息如图 8.9 所示,可见引入了加权机制后,对空间信息选择更加合理可靠。

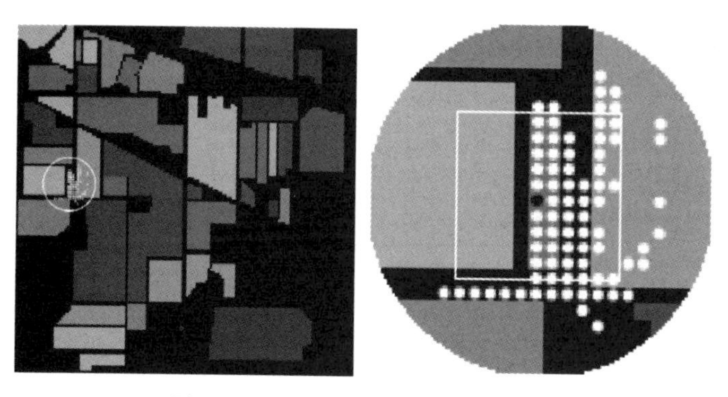

图 8.7　未加权 KNN 空间选择方式

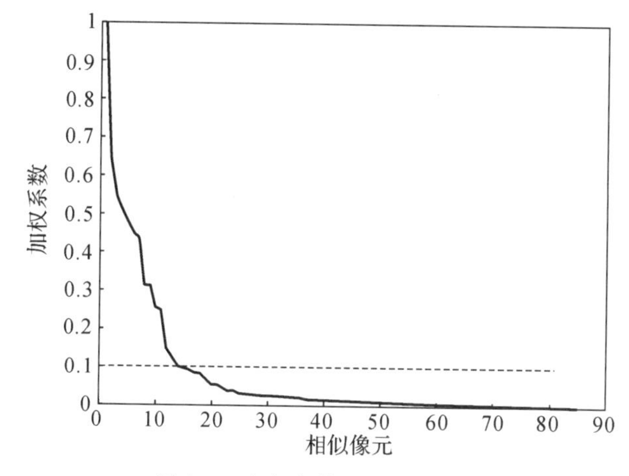

图 8.8　各相似像元的加权系数

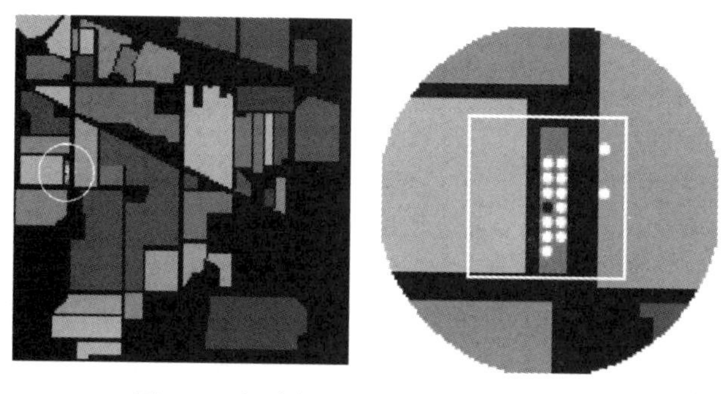

图 8.9　忽略加权系数小于 0.1 的像元

各算法分类正确率见表 8.2，从实验数据中可以看出，大部分类别本章都能取得较高的精度，相对于第 3 章的算法来说，对于小样本的 Oats 分类精度提高了约 20%，说明本章算法对于小样本是有效的。从图 8.10 的分类结果图中可以看出，对于这些小区域都能达到很的分类效果。

表 8.2　Indian Pines 数据集:各算法分类正确率

算　法	JSRC	KNN－SR	3D－CNN	3D－CNN－BG	WKNN－3D－CNN
OA/(%)	94.55±1.20	97.07±0.23	95.83±0.21	97.42±0.35	**98.53±0.32**
AA/(%)	90.93±0.73	94.96±0.31	93.19±1.24	94.86±0.32	**97.15±0.71**
Kappa×100	93.79±1.32	96.66±0.44	95.25±0.24	97.06±0.21	**98.32±0.36**
Alfalfa	87.50±5.89	95.65±3.42	90.22±6.24	91.30±3.83	**95.65±2.98**
Corn－notill	92.95±3.58	94.94±1.16	93.86±1.31	**96.67±0.67**	95.80±0.92
Corn-mintill	88.27±2.86	95.17±2.51	95.24±1.48	95.69±1.05	**99.64±0.12**
Corn	95.24±2.54	94.55±2.12	93.46±3.61	95.15±1.73	**98.31±0.46**
Grass-pasture	92.39±1.31	95.14±0.54	96.43±1.28	95.34±1.84	**98.14±0.66**
Grass-trees	97.77±0.83	97.84±0.54	99.42±0.11	99.08±0.31	**99.86±0.09**
Grass-pasture-mowed	91.30±6.69	95.45±3.75	90.18±15.02	95.54±5.85	**96.43±3.45**
Hay-windrowed	99.55±0.25	99.76±0.15	**100.00±0.00**	99.95±0.02	**100.00±0.00**
Oats	55.56±7.45	76.47±5.75	62.50±10.31	63.75±3.83	**80.00±2.98**
Soybean-notill	95.87±2.25	**97.74±1.23**	93.29±0.54	95.96±1.07	97.43±1.09
Soybean-mintill	96.44±1.63	98.79±1.00	96.22±0.91	97.92±0.50	**99.51±0.08**
Soybean-clean	87.32±4.67	94.18±0.25	92.66±1.41	96.63±0.84	**98.65±0.17**
Wheat	94.74±1.74	98.36±1.64	**99.63±0.30**	98.66±1.80	99.51±0.09
Woods	99.57±0.42	**99.64±0.23**	98.99±0.85	99.31±0.48	99.21±0.19
Buildings-Grass-Trees-Drives	86.26±6.34	93.03±3.43	92.23±3.13	**99.16±0.81**	97.41±0.98
Stone-Steel-Towers	94.12±4.75	92.68±3.42	96.77±1.52	97.58±0.89	**98.92±0.65**

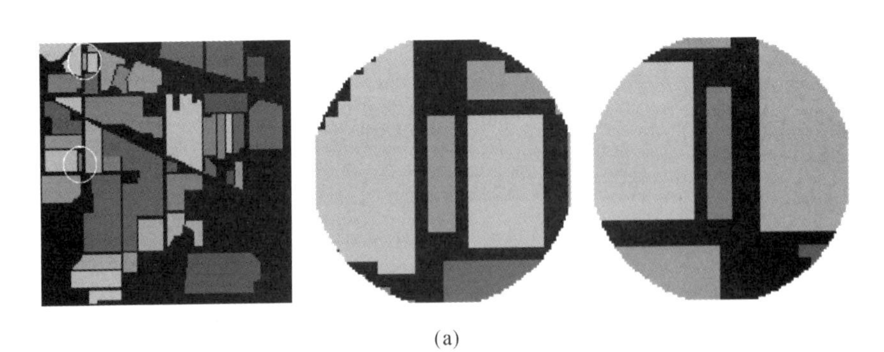

(a)

图 8.10　Indian Pines 数据集:各算法的分类结果图

(a)真值图

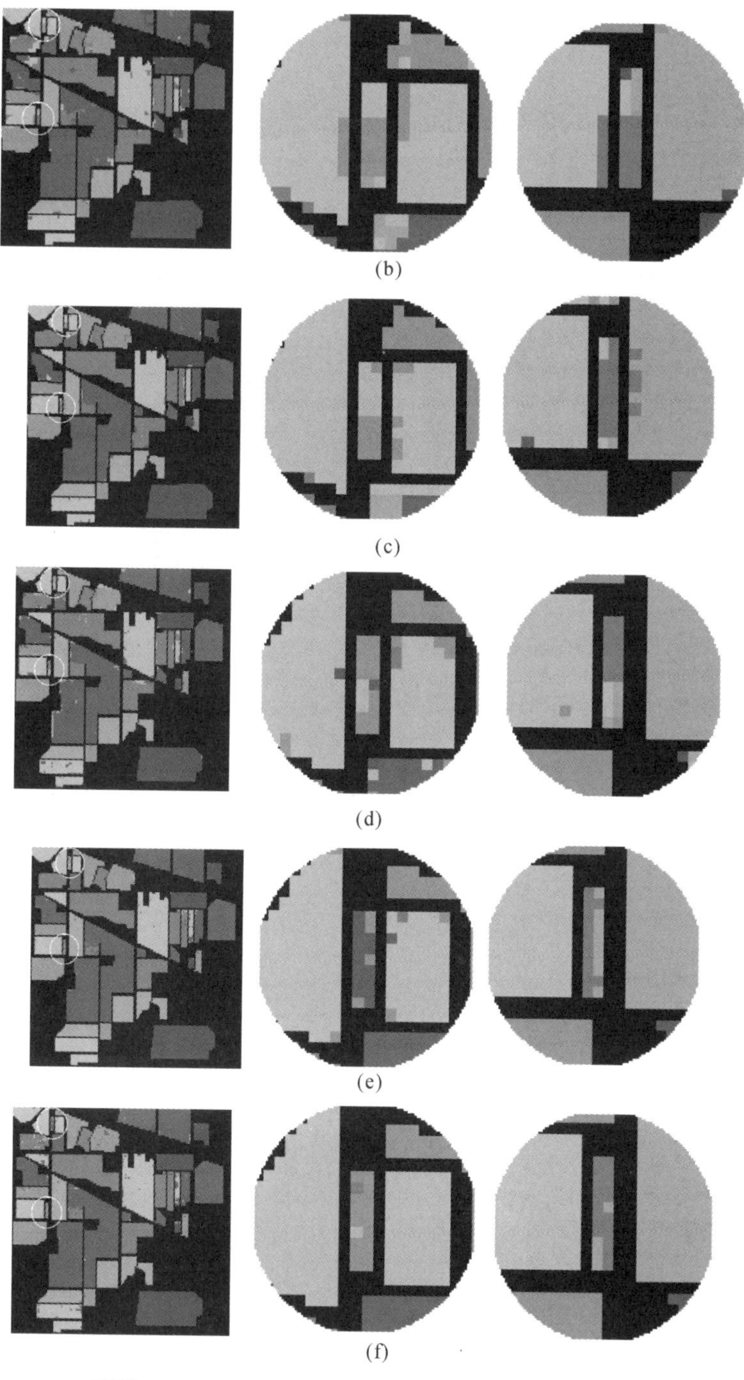

续图 8.10　Indian Pines 数据集:各算法的分类结果图

(b)JSRC;(c)KNN-SR;(d)3D-CNN;(e)3D－CNN－BG;(f)WKNN－3D－CNN

8.4.2 Pavia University 数据集

对于 University 数据集，从已知样本中随机选择每类样本的 10%作为训练样本，其余 90%为测试样本，确定最优参数为 $\gamma=1\ 000, K=121, \lambda=0.01$。在忽略加权系数小于 0.1 的像元情况下，此时所选取的加权空间信息如图 8.11 所示，可见引入了加权机制后，对空间信息选择更加合理可靠。

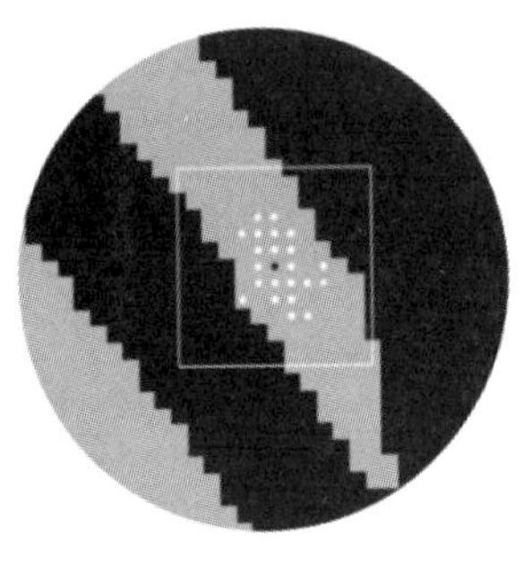

图 8.11 忽略加权系数小于 0.1 的像元

各算法分类正确率见表 8.3，从实验数据中可以看出，大部分情形下，本算法都能取得较高的分类精度，但是对于某些类别，显示是稀疏表示方法所取得的精度更高。从图 8.12 中可以看出，本章算法的“噪声点”要少很多，但是还是有部分区域存在“噪声点”。

表 8.3 University 数据集：各算法分类正确率

算 法	JSRC	KNN - SR	3D - CNN	3D - CNN - BG	WKNN - 3D - CNN
OA/(%)	71.75±0.61	80.46±0.47	95.61±0.69	96.87±0.91	**98.62±0.11**
AA/(%)	72.30±0.87	80.40±0.79	92.79±0.25	94.86±0.61	**97.81±0.11**
Kappa×100	62.50±1.90	74.04±1.23	94.16±0.86	97.06±1.68	**98.17±0.15**
Asphalt	11.14±1.23	30.50±0.92	96.38±1.04	96.47±0.50	**97.74±0.36**
Meadows	93.00±1.18	96.32±1.39	99.21±0.66	99.06±0.89	**99.78±0.17**
Gravel	91.66±0.50	**97.56±0.79**	80.71±0.28	82.94±0.50	92.66±0.32
Trees	70.20±0.40	85.43±0.52	98.60±0.36	98.76±0.40	**98.89±0.15**
Painted metal sheets	99.92±0.03	**100.00±0.00**	99.85±0.03	**100.00±0.00**	**100.00±0.00**
Bare Soil	60.92±0.72	78.62±0.76	90.99±0.73	96.66±0.91	**99.36±0.10**
Bitumen	81.09±0.35	76.05±0.72	78.05±3.14	86.54±0.33	**95.04±0.15**
Self - Blocking Bricks	63.69±0.72	79.20±0.82	92.21±0.27	94.89±0.57	**96.90±0.22**
Shadows	79.05±0.35	79.94±1.35	99.16±0.59	**100.00±0.00**	99.89±0.06

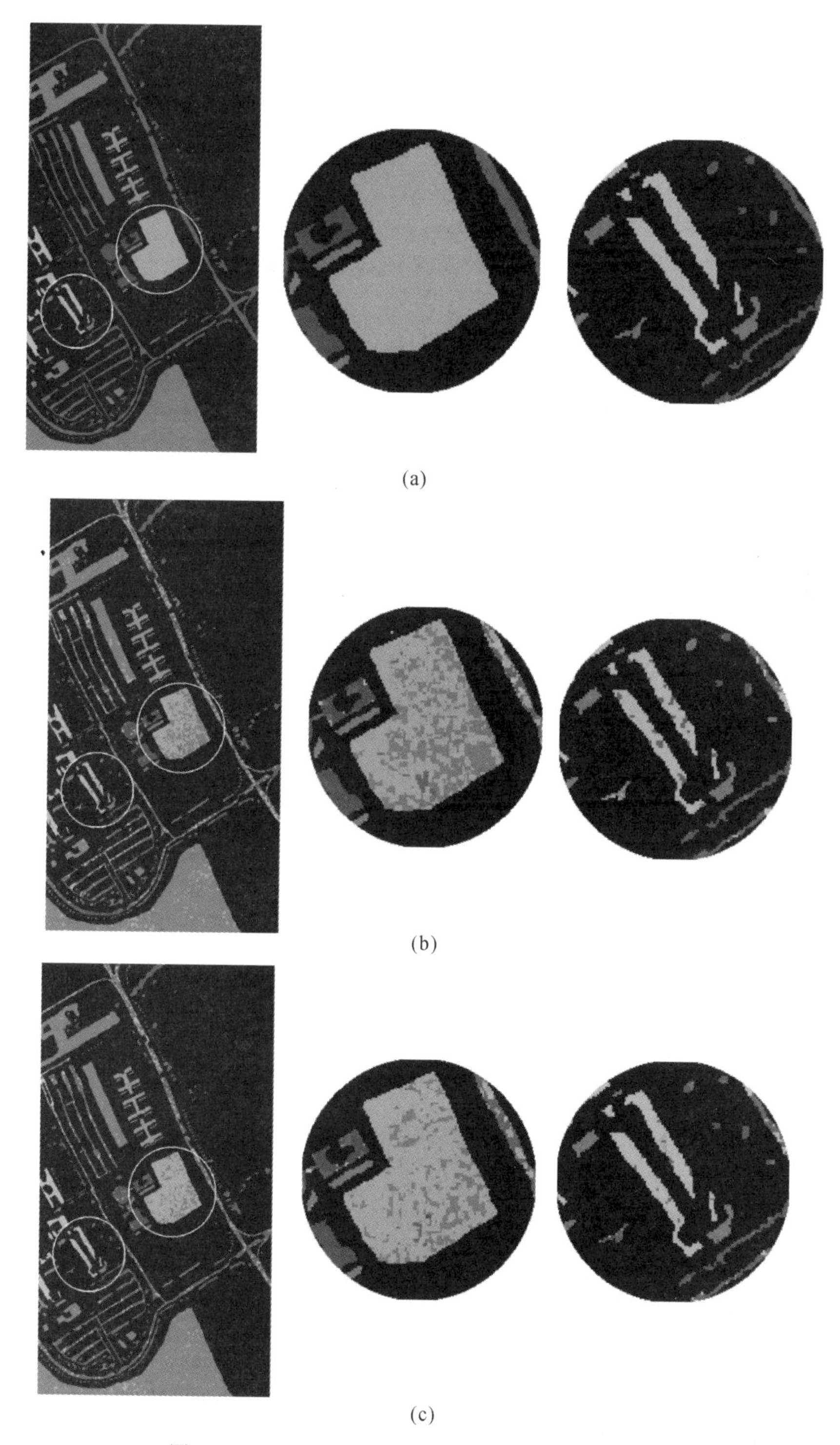

图 8.12　University 数据集：各算法的分类结果图

(a) 真值图；(b) JSRC；(c) KNN - SR

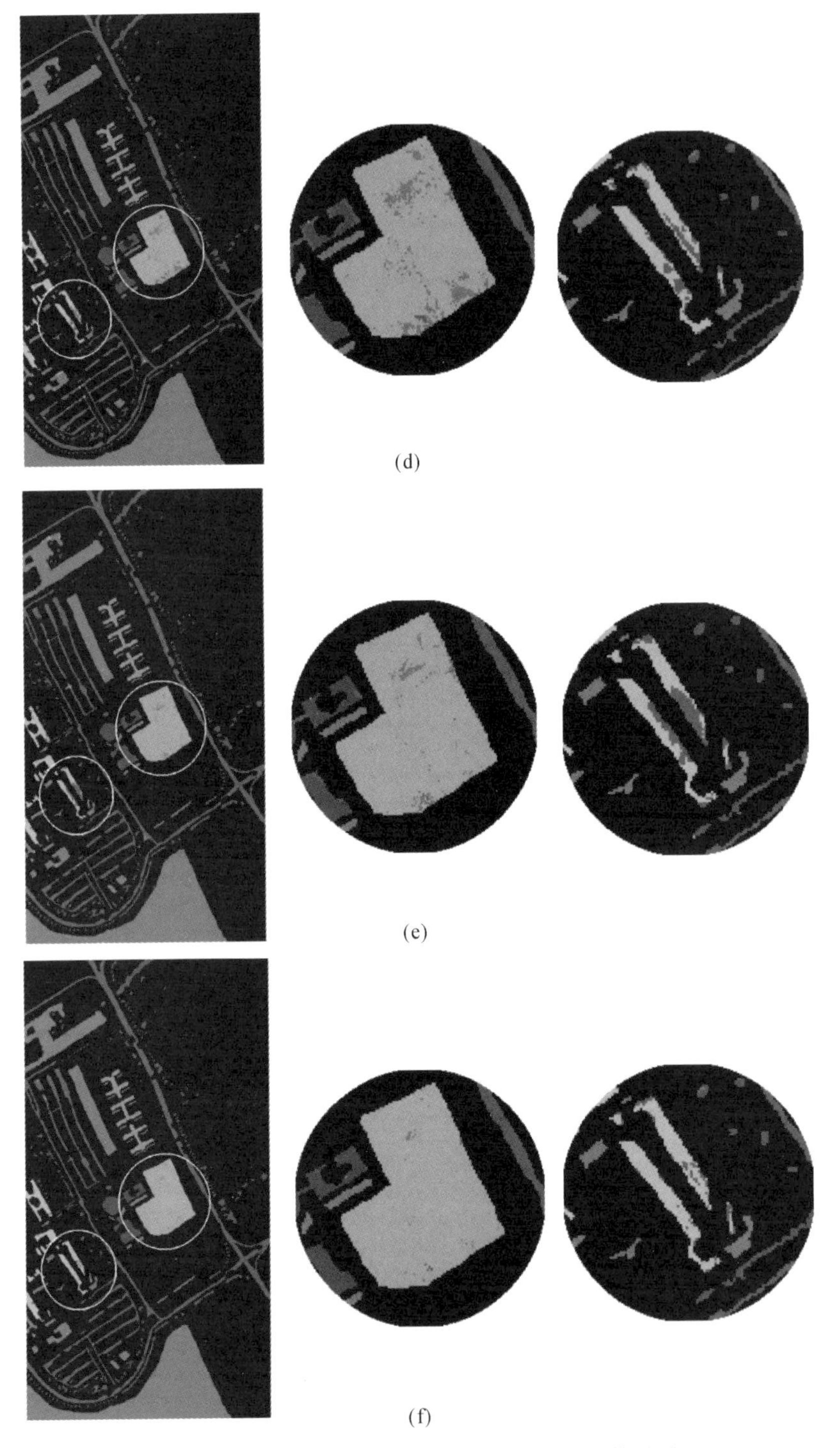

(d)

(e)

(f)

续图 8.12　University 数据集：各算法的分类结果图

(d) 3D－CNN；(e) 3D－CNN－BG；(f) WKNN－3D－CNN

8.4.3　算法参数敏感性分析

本节主要分析平衡因子 γ、KNN 中的参数 K 和调节因子 λ 对实验结果的影响。

1. 平衡参数 γ

在确定平衡因子 γ 时，取 $K=81$，$\lambda=500$，得到实验曲线如图 8.13 所示。从图中可以看出，当平衡因子 $\gamma=0.01$ 时，分类精度最高。

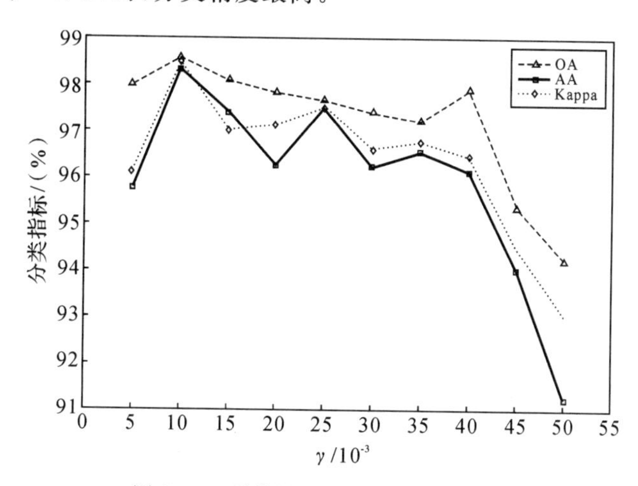

图 8.13　平衡因子对实验结果的影响

2. KNN 中的参数 K

当分析 K 对分类精度的影响时，$\gamma=0.01$，$\lambda=500$，得到实验曲线如图 8.14 所示。从图中可以看出，当 $K=81$ 时，分类精度最高。

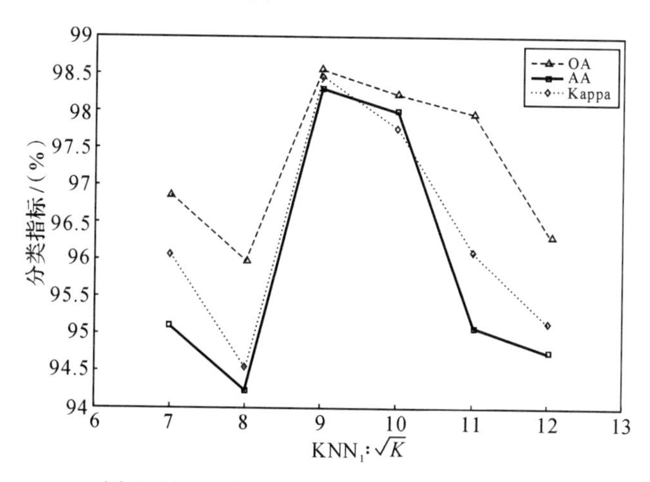

图 8.14　KNN 中的参数 K 对实验结果影响

3. 调节因子 λ

当分析调节因子 λ 对分类精度的影响时，$K=81$，$\gamma=0.01$，得到实验曲线如图 8.15 所示。从图中可以看出，当 $\lambda=0.5$ 时，分类精度最高。

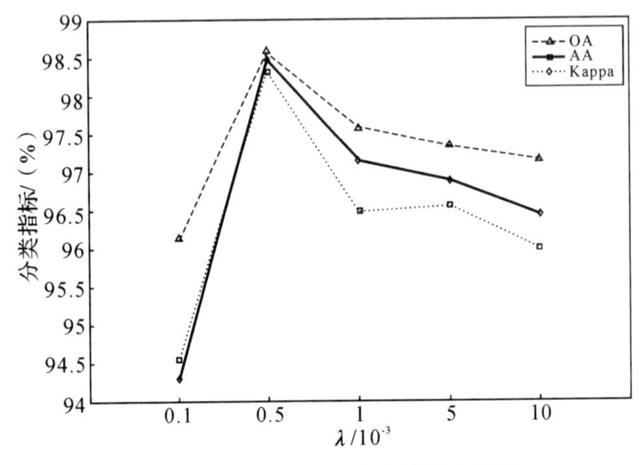

图 8.15 调节因子对实验结果的影响

8.5 本章小结

本章研究提出了一种基于 KNN 的三维 CNN 的高光谱图像谱-空分类算法。该算法首先使用 KNN 进行有意义的空间信息预选取，再根据光谱相似性对空间信息中各成分进行加权，从而使得空间信息中光谱特征更加分明，最后利用三维 CNN 对所得到加权空间信息进行分类。相对于直接将邻域空间中空间信息进行分类而言，能够在预处理阶段排除干扰信息，使得 CNN 收敛速度更快。与基于联合稀疏表示的方法比较，三维 CNN 在特征提取上更加具有优势。在分类精度上，本算法在 Indian Pines 和 University 数据集分别达到 98.53%和 98.62%。

参考文献

[1] 万余庆. 高光谱遥感应用研究[M]. 北京：科学出版社，2006.

[2] 张良培. 高光谱遥感[M]. 北京：测绘出版社，2011.

[3] 张兵，高连如. 高光谱图像分类与目标探测[M]. 北京：科学出版社，2011.

[4] 王立国，赵春晖. 高光谱图像处理技术[M]. 北京：国防工业出版社，2015.

[5] 余旭初，冯伍法，杨国鹏，等. 高光谱影像分析与应用[M]. 北京：科学出版社，2013.

[6] 高连如，李伟，孙旭，等. 高光谱图像信息提取[M]. 北京：科学出版社，2020.

[7] 张良培，杜博，张乐飞. 高光谱遥感影像处理[M]. 北京：科学出版社，2014.

[8] 王斌，杨斌. 高光谱遥感图像解混理论与方法：从线性到非线性[M]. 北京：科学出版社，2019.

[9] 王雪松，程玉虎，孔毅，等. 高光谱遥感数据降维[M]. 北京：科学出版社，2017.

[10] 陈哲，高红民，申邵洪，等. 高光谱遥感图像特征提取与分类[M]. 北京：人民邮电出版社，2019.

[11] 李西灿，朱西存. 高光谱遥感原理与方法[M]. 北京：化学工业出版社，2019.

[12] 赵恒谦. 高光谱矿物定量反演模型及不确定性研究[M]. 北京：测绘出版社，2019.

[13] 普拉萨德，约翰，阿尔弗雷德. 高光谱植被遥感[M]. 刘海启，李召良，译. 北京：中国农业科学技术出版社，2015.

[14] 张兵，孙旭. 高光谱图像混合像元分解[M]. 北京：科学出版社，2015.

[15] 吴一全，刘忠林. 遥感影像的海岸线自动提取方法研究进展[J]. 遥感学报，2019，23(4)：582－602.

[16] TURNER D，RIVARD B，GROAT L. Visible and short-wave infrared reflectance spectroscopy of selected ree-bearing silicate minerals[J]. American Mineralogist，2018，103：927－943.

[17] 童庆禧，张兵，张立福. 中国高光谱遥感的前沿进展[J]. 遥感学报，2016，20(5)：689－707.

[18] 苏凯，于强，胡雅慧，等. 基于光谱特征的北京市冬季城市森林滞尘分布反演研究[J]. 光谱学与光谱分析，2020，40(6)：1696－1702.

[19] TUIA D，MERENYI E，JIA X P，et al. Foreword to the special issue on machine learning for remote sensing data processing[J]. IEEE Journal of Selected Topics in Applied Earth Observations & Remote Sensing，2014，7(4)：1007－1011.

[20] YAMAZAKI F，KUBO K，TANABE R，et al. Damage assessment and 3D modeling by UAV flights after the 2016 Kumamoto，Japan earthquake [C]//

International Geoscience and Remote Sensing Symposium. Fort Worth: IEEE, 2017: 3182-3185.

[21] YADAV D, TIWARI K, ARORA M, et al. Detection and identification of camouflaged targets using hyperspectral and lidar data[J]. Defence Science Journal, 2018, 68(6): 540-546.

[22] 严阳,华文深,张炎,等. 可见-近红外高光谱伪装目标特性分析[J]. 红外技术, 2019, 41(2): 171-175.

[23] 陈克. 基于高光谱遥感图像的目标毁伤区域检测[J]. 遥测遥控, 2019, 40(3): 28-31.

[24] 葛魏东. 基于光谱库的空谱联合高光谱稀疏解混方法研究[D]. 南京: 南京信息工程大学, 2017.

[25] 童庆禧,王晋年,张兵,等. 立足国内开拓创新走向世界:中国科学院遥感应用研究所高光谱遥感发展30年回顾[J]. 遥感学报, 2009, 13(增刊1): 21-33.

[26] 刘东升,任芳,卫黎光. 国产高分遥感数据处理技术及典型应用[J]. 中国航天, 2020(5): 37-42.

[27] HE Q, LEE Y, HUANG D, et al. Multi-modal remote sensing image classification for low sample size data[C]//Proceedings of the 2018 International Joint Conference on Neural Networks (IJCNN). Rio de Janeiro: IEEE, 2018: 1-6.

[28] HE L, LI J, LIU C Y, et al. Recent advances on spectral-spatial hyperspectral image classification: an overview and new guidelines[J]. IEEE Transactions on Geoscience and Remote Sensing, 2018, 56(3): 1579-1597.

[29] HALIMI A, BIOUCAS-DIAS J M, DOBIGEON N, et al. Fast hyperspectral unmixing in presence of nonlinearity or mismodeling effects[J]. IEEE Transactions on Computational Imaging, 2017, 3(2): 146-159.

[30] YAO J Y, WANG H Q, et al. High precision classification of hyperspectral image based on a hierarchical localized multiple kernel learning method[C]//Proceedings of the 2019 12th International Congress on Image and Signal Processing, BioMedical Engineering and Informatics (CISP-BMEI). Suzhou: IEEE, 2019: 1-5.

[31] YAO J Y, WANG H Q, et al. Hyperspectral image unmixing method based on multiple kernel graph non-negative matrix factorization[C]//Proceedings of the CISAI 2020. Hulun Buir: IOP Publishing, 2920: 012149.

[32] 李娇娇. 高光谱遥感图像高效分类与解混方法研究[D]. 西安:西安电子科技大学, 2016.

[33] 杜培军,夏俊士,薛朝辉,等. 高光谱遥感影像分类研究进展[J]. 遥感学报, 2016, 20(2): 236-256.

[34] 亓呈明. 基于多核学习的高光谱遥感影像分类方法研究[D]. 北京:中国地质大学(北京), 2016.

[35] CHUTIA D, BHATTACHARYYA D K, SARMA K K, et al. Hyperspectral remote sensing classifications: a perspective survey[J]. Transactions in GIS, 2015, 20(4): 463 - 490.

[36] HE Q, ZHANG Y, LIANG L. Identification of poppy by spectral matching classification[J]. OPTIK, 2020, 200: 163445.

[37] 高巍. 基于多核学习的高光谱图像分类方法研究[D]. 哈尔滨:哈尔滨工业大学, 2019.

[38] 骆仁波. 遥感图像的特征提取及其融合与分类研究[D]. 广州:华南理工大学, 2017.

[39] JR M. On the impact of PCA dimension reduction for hyperspectral detection of difficult targets[J]. IEEE Geoscience and Remote Sensing Letters, 2005, 2(2): 192 - 195.

[40] 张兵. 高光谱图像处理与信息提取前沿[J]. 遥感学报, 2016, 20(5): 1062 - 1090.

[41] 余旭初,谭熊,付琼莹,等. 联合纹理和光谱特征的高光谱影像多核分类方法[J]. 测绘通报, 2014, 450(9): 38 - 42.

[42] ZHANG L F, ZHANG L P, TAO D C, et al. On combining multiple features for hyperspectral remote sensing image classification [J]. IEEE Transactions on Geoscience and Remote Sensing, 2012, 50(3): 879 - 893.

[43] LI J, MARPU P R, PLAZA A, et al. Generalized composite kernel framework for hyperspectral image classification [J]. IEEE Transactions on Geoscience and Remote Sensing, 2013, 51(9): 4816 - 4829.

[44] BENEDIKTSSON J A, PALMASON J A, SVEINSSON J R. Classification of hyperspectral data from urban areas based on extended morphological profiles[J]. IEEE Transactions on Geoscience and Remote Sensing, 2005, 43(3): 480 - 491.

[45] DELL'ACQUA F, GAMBA P, FERRARI A, et al. Exploiting spectral and spatial information in hyperspectral urban data with high resolution[J]. IEEE Geoscience and Remote Sensing Letters, 2004, 1(4): 322 - 326.

[46] CHEN Y, NASRABADI N, TRAN T. Hyperspectral image classification using dictionary-based sparse representation[J]. IEEE Transactions on Geoscience and Remote Sensing, 2011, 49: 3973 - 3985.

[47] ZHOU X C, LI S L, TANG F, et al. Deep learning with grouped features for spatial spectral classification of hyperspectral images[J]. IEEE Geoscience and Remote Sensing Letters, 2016, 14(1): 97 - 101.

[48] MAKANTASIS K, KARANTZALOS K, DOULAMIS A, et al. Deep supervised learning for hyperspectral data classification through convolutional neural networks [C]//Proceedings of the 2015 IEEE International Geoscience and Remote Sensing Symposium (IGARSS). Milan: IEEE, 2015: 4959 - 4962.

[49] ZHONG Z L, LI J, LUO Z M, et al. Spectral-spatial residual network for hyperspectral image classification: a 3-D deep learning framework [J]. IEEE Transactions on Geoscience and Remote Sensing, 2017, 56(2): 847 - 858.

[50] CAMPS-VALLS G, GÓMEZ-CHOVA L, MUÑOZ J, et al. Composite kernels for hyperspectral image classification [J]. IEEE Geoscience and Remote Sensing Letters, 2006, 3: 93 - 97.

[51] LI W, DU Q. Support vector machine with adaptive composite kernel for hyperspectral image classification [C]//Proceedings of SPIE-the International Society for Optical Engineering. Bellingham: SPIE, 2015: 9501.

[52] FAUVEL M, TARABALKA Y, BENEDIKTSSON J, et al. Advances in spectral-spatial classification of hyperspectral images[J]. Proceedings of the IEEE, 2013, 101: 652 - 675.

[53] 王庆超,付光远,汪洪桥,等. 多核融合多尺度特征的高光谱影像地物分类[J]. 光学精密工程, 2018, 26(4): 245 - 253.

[54] 李晶. 基于非线性混合模型的高光谱图像解混技术研究[D]. 杭州:浙江大学, 2018.

[55] 聂明钰. 高光谱图像线性解混算法研究[D]. 济南:山东大学, 2016.

[56] 厉小润,伍小明,赵辽英. 非监督的高光谱混合像元非线性分解方法[J]. 浙江大学学报(工学版), 2011, 45(4): 607 - 613.

[57] 严阳,华文深,刘恂,等. 高光谱解混方法研究[J]. 激光技术, 2018, 42(5): 114 - 120.

[58] 甘玉泉. 高光谱遥感图像光谱解混方法研究及其应用[D]. 北京:中国科学院大学, 2018.

[59] 蔡茂知. 基于非线性混合模型的高光谱波谱信号提取方法研究[D]. 成都:电子科技大学, 2016.

[60] ZARE A, GADER P. PCE: piecewise convex endmember detection[J]. IEEE Transactions on Geoscience and Remote Sensing, 2010, 48(6): 2620 - 2632.

[61] ZHAO Y, ZHOU Z, WANG D H, et al. Hyperspectral image unmixing algorithm based on endmember-constrained nonnegative matrix factorization[J]. Frontiers of Optoelectronics, 2016, 9: 627 - 632.

[62] LI C, LIU Y, CHENG J, SONG R C, et al. Sparse unmixing of hyperspectral data with bandwise model[J]. Information Sciences, 2020,512: 1424 - 1441.

[63] ZHAO C H, ZHAO G P, JIA X P. Hyperspectral image unmixing based on fast kernel archetypal analysis[J]. IEEE Journal of Selected Topics in Applied Earth Observations & Remote Sensing, 2017, 99: 1 - 16.

[64] 徐晨光,邓承志. 稀疏正则化的非负矩阵分解高光谱解混算法比较与分析[J]. 南昌工程学院学报, 2017, 36(6): 83 - 91.

[65] MIAO L, QI H. Endmember extraction from highly mixed data using minimum volume constrained nonnegative matrix factorization[J]. IEEE Transactions on Geoscience and Remote Sensing, 2007, 45(3): 765 - 777.

[66] WANG X Y, ZHONG Y F, ZHANG L P, et al. Spatial group sparsity regularized nonnegative matrix factorization for hyperspectral unmixing[J]. IEEE Transactions on Geoscience and Remote Sensing, 2017, 55(11): 6287 - 6304.

[67] SHAO Y, LAN J, ZHANG Y, et al. Spectral unmixing of hyperspectral remote sensing imagery via preserving the intrinsic structure invariant[J]. Sensors, 2018, 18: 3528.

[68] 甘玉泉,刘伟华,冯向朋,等. 一种稀疏约束的图正则化非负矩阵光谱解混方法[J]. 光谱学与光谱分析, 2019, 39(4): 1118 - 1127.

[69] EKANAYAKE E, WEERASOORIYA H, RANASINGHE D, et al. Constrained nonnegative matrix factorization for blind hyperspectral unmixing incorporating endmember independence[J]. IEEE Journal of Selected Topics in Apptied Earth Oberservations and Remote Sensing, 2021, DOI:1109 / JSTARS. 2021. 3126664.

[70] 杨斌,王斌. 高光谱遥感图像非线性解混研究综述[J]. 红外与毫米波学报, 2017, 36(2): 47 - 59.

[71] 林红磊,张霞,孙艳丽. 基于单次散射反照率的矿物高光谱稀疏解混[J]. 遥感学报, 2016, 20(1): 53 - 61.

[72] HEYLEN R, PARENTE M, GADER P. A review of nonlinear hyperspectral unmixing methods [J]. IEEE Journal of Selected Topics in Applied Earth Observations and Remote Sensing, 2014, 7(6): 1844 - 1868.

[73] LABARRE S, JACQUEMOUD S, FERRARI C, et al. Retrieving soil surface roughness with the hapke photometric model: confrontation with the ground truth [J]. Remote Sensing of Environment, 2019, 225: 1 - 15.

[74] DING C H, LI T, JORDAN M I. Convex and semi-nonnegative matrix factorizations [J]. IEEE Transactions on Pattern Analysis and Machine Intelligence, 2010, 32(1): 45 - 55.

[75] YOKOYA N, CHANUSSOT J, IWASAKI A. Nonlinear unmixing of hyperspectral data using semi-nonnegative matrix factorization [J]. IEEE Transactions on Geoscience and Remote Sensing, 2014, 52(2): 1430 - 1437.

[76] 唐晓燕，高昆，倪国强. 高光谱图像非线性解混方法的研究进展[J]. 遥感技术与应用，2013，28(4)：731－738.

[77] 汪洪桥，孙富春，蔡艳宁，等. 多核学习方法[J]. 自动化学报，2010，36(8)：3－16.

[78] 智通祥，杨斌，王斌. 基于丰度约束核非负矩阵分解的高光谱图像非线性解混[J]. 复旦学报(自然科学版)，2018，57(4)：429－441.

[79] 王庆超，付光远，汪洪桥，等. 基于局部空间变稀疏约束的多核学习方法[J]. 电子学报，2018，46(4)：930－937.

[80] GU Y F，WANG S Z，JIA X P. Spectral unmixing in multiple-kernel hilbert space for hyperspectral imagery[J]. IEEE Transactions on Geoscience and Remote Sensing，2013，51(7)：3968－3981.

[81] 谭熊，余旭初，张鹏强，等. 基于多核支持向量机的高光谱影像非线性混合像元分解[J]. 光学精密工程，2014，22(7)：212－220.

[82] RASHWAN S，DOBIGEON N，SHETA W，et al. Non-linear unmixing of hyperspectral images using multiple-kernel self-organising maps[J]. Image Processing，2019，13(12)：2190－2195.

[83] 王海林，卢丽，陶军. 眼科解剖学图谱[M]. 沈阳：辽宁科学技术出版社，2002.

[84] 胡雷庭. 视细胞光学模型的研究[D]. 南京：南京邮电大学，2015.

[85] RYBAK I，GUSAKOVA V，GOLOVAN A，et al. A model of attention-guided visual perception and recognition[J]. Vision Research，1998，38(15)：2387－2400.

[86] ITTI L，KOCH C. Computational modeling of visual attention[J]. Nature Reviews Neuroscience，2001，2(3)：194－203.

[87] 王岩. 视觉注意模型的研究与应用[D]. 上海：上海交通大学，2012.

[88] BARRANCA V J，ZHU X G. A computational study of the role of spatial receptive field structure in processing natural and non-natural scenes[J]. Journal of Theoretical Biology，2018，454：268－277.

[89] LEE D D，SEUNG S H. Algorithms for non-negative matrix factorization[J]. Adv Neural Inform Process Syst，2001，13(6)：556－562.

[90] LEE D D，SEUNG S H. Learning the parts of objects by non-negative matrix factorization[J]. Nature，1999，401：91－788.

[91] 王蕊. 高光谱遥感图像稀疏解混算法研究[D]. 成都：西南交通大学，2017.

[92] CAMACHO A，CORREA C，ARGUELLO H. An analysis of spectral variability in hyperspectral imagery：a case study of stressed oil palm detection in colombia[J]. International Journal of Remote Sensing，2019，40(19)：7603－7623.

[93] 吴健康. 基于稀疏表示的高光谱图像解混研究[D]. 西安：西安电子科技大学，2014.

[94] CAI D, HE X F, HAN J W, et al. Graph regularized nonnegative matrix factorization for data representation[J]. IEEE Transactions on Pattern Analysis and Machine Intelligence, 2011, 33(8): 1548-1560.

[95] 张良培,李家艺. 高光谱图像稀疏信息处理综述与展望[J]. 遥感学报, 2016, 20(5): 1091-1101.

[96] SUN L, GE W D, CHEN Y J, et al. Hyperspectral unmixing employing L_1-L_2 sparsity and total variation regularization[J]. International Journal of Remote Sensing, 2018, 39: 1-24.

[97] CANDES E J, TAO T. Decoding by linear programming[J]. IEEE Transactions on Information Theory, 2005, 51(12): 4203-4215.

[98] XU Z B, ZHANG H, WANG Y, et al. $L_{1/2}$ regularization[J]. Science China Information Sciences, 2010, 53(6): 1159-1169.

[99] QIANY T, JIA S, ZHOU J, et al. Hyperspectral unmixing via $L_{1/2}$ sparsity-constrained nonnegative matrix factorization[J]. IEEE Transactions on Geoscience and Remote Sensing, 2011, 49(11): 4282-4297.

[100] 孙伟伟,杨刚,陈超,等. 中国地球观测遥感卫星发展现状及文献分析[J]. 遥感学报, 2020, 24(5): 479-510.

[101] VALI A, COMAI S, MATTEUCCI M. Deep learning for land use and land cover classification based on hyperspectral and multispectral earth observation data: a review[J]. Remote Sensing, 2020, 12(15): 2495.

[102] KHAN M J, KHAN H S, YOUSAF A, et al. Modern trends in hyperspectral image analysis: a review[J]. IEEE Access, 2018, 6: 14118-14129.

[103] FEIB W. Hyperspectral imaging in medical applications[J]. Data Handling in Science and Technology, 2020,32: 523-565.

[104] 赵春晖,王立国,齐滨. 高光谱遥感图像处理方法及应用[M]. 北京: 电子工业出版社, 2016.

[105] 胡静. 基于深度学习的高光谱图像超分辨处理方法研究[D]. 西安:西安电子科技大学,2018.

[106] 邹长忠. 噪声环境下高光谱图像超分辨方法研究[D]. 福州:福州大学, 2018.

[107] 郑向涛. 高光谱影像质量改善及降维研究[D]. 北京:中国科学院大学, 2017.

[108] 焦李成. 人工智能,类脑计算与图像解译前沿[M]. 西安: 西安电子科技大学出版社, 2020.

[109] LU B, DAO P D, LIU J, et al. Recent advances of hyperspectral imaging technology and applications in agriculture[J]. Remote Sensing, 2020, 12(16): 2659.

[110] QU Y, QI H R. uDAS: an untied denoising autoencoder with sparsity for spectral unmixing[J]. IEEE Transactions on Geoscience and Remote Sensing, 2018, 57(3): 1698 - 1712.

[111] CAO X Y, ZHOU F, XU L, et al. Hyperspectral image classification with Markov random fields and a convolutional neural network[J]. IEEE Transactions on Image Processing, 2018, 27(5): 2354 - 2367.

[112] SIGNORONIA, SAVARDI M, BARONIO A, et al. Deep learning meets hyperspectral image analysis: a multidisciplinary review[J]. Journal of Imaging, 2019, 5(5): 52.

[113] YUE L W, SHEN H F, LI J, et al. Image super-resolution: the techniques, applications, and future[J]. Signal Processing, 2016, 128: 389 - 408.

[114] YI C, ZHAO Y Q, YANG J, et al. Joint hyperspectral superresolution and unmixing with interactive feedback[J]. IEEE Transactions on Geoscience and Remote Sensing, 2017, 55(7): 3823 - 3834.

[115] HAOS Y, WANG W, YE Y X, et al. A deep network architecture for super-resolution-aided hyperspectral image classification with classwise loss[J]. IEEE Transactions on Geoscience and Remote Sensing, 2018, 56(8): 4650 - 4663.

[116] HARRIS J L. Diffraction and resolving power[J]. JOSA, 1964, 54(7): 931 - 936.

[117] TSAI R. Multiframe image restoration and registration[J]. Advance Computer Visual and Image Processing, 1984, 1: 317 - 339.

[118] 苏衡，周杰，张志浩. 超分辨率图像重建方法综述[J]. 自动化学报，2013，39(8): 1202 - 1213.

[119] 孙旭，李晓光，李嘉锋，等. 基于深度学习的图像超分辨率复原研究进展[J]. 自动化学报，2017，43(5): 697 - 709.

[120] SONG P, DENG X, MOTA J F, et al. Multimodal image super-resolution via joint sparse representations induced by coupled dictionaries [J]. IEEE Transactions on Computational Imaging, 2019, 6: 57 - 72.

[121] ZHANG L, NIE J T, WEI W, et al. Deep blind hyperspectral image super-resolution[J]. IEEE Transactions on Neural Networks and Learning Systems, 2020, 32(6): 2388 - 2400.

[122] LONCAN L, ALMEIDA L B D, BIOUCAS-DIAS J M, et al. Hyperspectral pansharpening: a review[J]. Geoscience and Remote Sensing, 2015, 3(3): 27 - 46.

[123] AIAZZI B, BARONTI S, SELVA M. Improving component substitution pansharpening through multivariate regression of MS + Pan data[J]. IEEE Transactions on Geoscience and Remote Sensing, 2007, 45(10): 3230 - 3239.

[124] LIU J G. Smoothing filter-based intensity modulation: a spectral preserve image fusion technique for improving spatial details[J]. International Journal of Remote Sensing, 2000, 21(18): 3461 - 3472.

[125] AIAZZI B, ALPARONE L, BARONTI S, et al. MTF-tailored multiscale fusion of high-resolution MS and Pan imagery[J]. Photogrammetric Engineering and Remote Sensing, 2006, 72(5): 591 - 596.

[126] YOKOYA N, GROHNFELDT C, CHANUSSOT J. Hyperspectral and multispectral data fusion: a comparative review of the recent literature[J]. IEEE Geoscience and Remote Sensing, 2017, 5(2): 29 - 56.

[127] AKHTAR N, SHAFAIT F, MIAN A. Sparse spatio-spectral representation for hyperspectral image super-resolution[C]// European Conference on Computer Vision. Zurich:Springer, 2014: 63 - 78.

[128] DONG W S, FU F Z, SHI G M, et al. Hyperspectral image super-resolution via non-negative structured sparse representation[J]. IEEE Transactions on Image Processing, 2016, 25(5): 2337 - 2352.

[129] FANG L Y, ZHUO H J, LI S T, et al. Super-resolution of hyperspectral image via superpixel-based sparse representation[J]. Neurocomputing, 2018, 273: 171 - 177.

[130] HAN X H, SHI B X, ZHENG Y Q. Self-similarity constrained sparse representation for hyperspectral image super-resolution[J]. IEEE Transactions on Image Processing, 2018, 27(11): 5625 - 5637.

[131] YOKOYA N, YAIRI T, IWASAKI A. Coupled nonnegative matrix factorization unmixing for hyperspectral and multispectral data fusion[J]. IEEE Transactions on Geoscience and Remote Sensing, 2011, 50(2): 528 - 537.

[132] LANARAS C, BALTSAVIAS E, SCHINDLER K. Hyperspectral super-resolution by coupled spectral unmixing [C]//Proceedings of the IEEE International Conference on Computer Vision. Santiago:IEEE, 2015: 3586 - 3594.

[133] NEZHAD Z H, KARAMI A, HEYLEN R, et al. Fusion of hyperspectral and multispectral images using spectral unmixing and sparse coding[J]. IEEE Journal of Selected Topics in Applied Earth Observations and Remote Sensing, 2016, 9(6): 2377 - 2389.

[134] ZOU C Z, XIA Y S. Hyperspectral image superresolution based on double regularization unmixing[J]. IEEE Geoscience and Remote Sensing Letters, 2017, 14(7): 1022 - 1026.

[135] DIAN R W, LI S T, FANG L Y, et al. Nonlocal sparse tensor factorization for

semiblind hyperspectral and multispectral image fusion[J]. IEEE Transactions on Cybernetics, 2020, 50(10): 4469 - 4480.

[136] WANG K D, WANG Y, ZHAO X L, et al. Hyperspectral and multispectral image fusion via nonlocal low-rank tensor decomposition and spectral unmixing[J]. IEEE Transactions on Geoscience and Remote Sensing, 2020, 58(11): 7654 - 7671.

[137] LI X L, YUAN Y, WANG Q. Hyperspectral and multispectral image fusion via nonlocal low-rank tensor approximation and sparse representation[J]. IEEE Transactions on Geoscience and Remote Sensing, 2021, 59(1): 550 - 562.

[138] DIAN R W, FANG L Y, LI S T. Hyperspectral image super-resolution via non-local sparse tensor factorization[C]//Proceedings of the IEEE Conference on Computer Vision and Pattern Recognition. Honolulu: IEEE, 2017: 5344 - 5353.

[139] ZOU C , HUANG X. Hyperspectral image super-resolution combining with deep learning and spectral unmixing[J]. Signal Processing: Image Communication, 2020, 84: 115833.

[140] LU R Y, CHEN B, CHENG Z H, et al. RAFnet: recurrent attention fusion network of hyperspectral and multispectral images[J]. Signal Processing, 2020, 177:107737.

[141] LU X C, YANG D Z, JIA F D, et al. Coupled convolutional neural network-based detail injection method for hyperspectral and multispectral image fusion[J]. Applied Sciences-Basel, 2021, 11(1):288.

[142] XU S, AMIRA O, LIU J M, et al. HAM-MFN: hyperspectral and multispectral image multiscale fusion network with rap loss[J]. IEEE Transactions on Geoscience and Remote Sensing, 2020, 58(7): 4618 - 4628.

[143] PALSSON F, SVEINSSON J R, ULFARSSON M O. Multispectral and hyperspectral image fusion using a 3-D-convolutional neural network[J]. IEEE Geoscience and Remote Sensing Letters, 2017, 14(5): 639 - 643.

[144] DIAN R W, LI S T, GUO A J, et al. Deep hyperspectral image sharpening[J]. IEEE Transactions on Neural Networks and Learning Systems, 2018, 29(11): 5345 - 5355.

[145] WANG L, WANG H Q, FU G Y. Multiscale superpixel kernel learning for spatial-spectral hyperspectral image classification[C]//Proceedings of ICACR 2021. Nanning: IEEE, 2021: 18 - 23.

[146] WANG L, WANG H Q, FU G Y. Multi-nyström method based on multiple kernel learning for large scale imbalanced classification[J]. Computational Intelligence and Neuroscience, 2021(4):1 - 11.

[147] HAN X H, ZHENG Y, CHEN Y W. Multi-level and multi-scale spatial and spectral fusion cnn for hyperspectral image super-resolution[C]//Proceedings of the IEEE International Conference on Computer Vision Workshops. Seoul: IEEE, 2019: 4330 - 4339.

[148] WEI W, NIE J T, LI Y, et al. Deep recursive network for hyperspectral image super-resolution[J]. IEEE Transactions on Computational Imaging, 2020, 6: 1233 - 1244.

[149] WANG Z J, CHEN B, LU R Y, et al. FusionNet: an unsupervised convolutional variational network for hyperspectral and multispectral image fusion[J]. IEEE Transactions on Image Processing, 2020, 29: 7565 - 7577.

[150] QU Y, QI H, KWAN C. Unsupervised sparse dirichlet-net for hyperspectral image super-resolution[C]//Proceedings of the IEEE Conference on Computer Vision and Pattern Recognition. Salt Lake City: IEEE, 2018: 2511 - 2520.

[151] FU Y, ZHANG T, ZHENG Y Q, et al. Hyperspectral image super-resolution with optimized RGB guidance[C]//Proceedings of the IEEE Conference on Computer Vision and Pattern Recognition. Long Beach: IEEE,2019: 11661 - 11670.

[152] ZHANG L, NIE J T, WEI W, et al. Unsupervised adaptation learning for hyperspectral imagery super-resolution[C]//Proceedings of the IEEE/CVF Conference on Computer Vision and Pattern Recognition. Seattle: IEEE,2020: 3073 - 3082.

[153] IRMAK H, AKAR G B, YUKSEL S E. A map-based approach for hyperspectral imagery super-resolution[J]. IEEE Transactions on Image Processing, 2018, 27(6): 2942 - 2951.

[154] WANG Y, CHEN X A, HAN Z, et al. Hyperspectral image super-resolution via nonlocal low-rank tensor approximation and total variation regularization[J]. Remote Sensing, 2017, 9(12): 1286.

[155] LI X, ORCHARD M T. New edge-directed interpolation[J]. IEEE Transactions on Image Processing, 2001, 10(10): 1521 - 1527.

[156] 赵頔. 基于插值和邻域嵌入的图像超分辨率算法研究[D]. 金华:浙江师范大学,2017.

[157] 王泽思. 基于插值和样例的超分辨率图像处理算法的研究[D]. 金华:浙江师范大学, 2014.

[158] YANG J, WRIGHT J, HUANG T S, et al. Image super-resolution via sparse representation[J]. IEEE Transactions on Image Processing, 2010, 19(11): 2861 - 2873.

[159] ZHAO Z Q, ZHENG P, XU S T, et al. Object detection with deep learning: a

review[J]. IEEE Transactions on Neural Networks and Learning Systems, 2019, 30(11): 3212 - 3232.

[160] LI S T, SONG W W, FANG L Y, et al. Deep learning for hyperspectral image classification: an overview[J]. IEEE Transactions on Geoscience and Remote Sensing, 2019, 57(9): 6690 - 6709.

[161] ALOM M Z, TAHA T M, YAKOPCIC C, et al. A state-of-the-art survey on deep learning theory and architectures[J]. Electronics, 2019, 8(3): 292.

[162] DONG C, CHEN C L, HE K, et al. Learning a deep convolutional network for image super-resolution[C]//European Conference on Computer Vision. Zurich: Springer, 2014: 184 - 199.

[163] 刘颖，朱丽，林庆帆，等. 图像超分辨率技术的回顾与展望[J]. 计算机科学与探索, 2020, 14(2): 181 - 199.

[164] ANWAR S, KHAN S, BARNES N. A deep journey into super-resolution: a survey[J]. Arxiv Preprint Arxi, 2019,3:235 - 255.

[165] WANG Z H, CHEN J, HOI S C H. Deep learning for image super-resolution: a survey[J]. IEEE Transactions on Pattern Analysis and Machine Intelligence, 2020,99: 1 - 22.

[166] AHN N, KANG B, SOHN K A. Image super-resolution via progressive cascading residual network[C]//Proceedings of the IEEE Conference on Computer Vision and Pattern Recognition Workshops. Salt Lake City: IEEE, 2018: 791 - 799.

[167] YANG W M, ZHANG X C, TIAN Y P, et al. Deep learning for single image super-resolution: a brief review[J]. IEEE Transactions on Multimedia, 2018, 21 (12): 3106 - 3121.

[168] KIM J, LEEK J, LEE M K. Accurate image super-resolution using very deep convolutional networks[C]//Proceedings of the IEEE Conference on Computer Vision and Pattern Recognition. Las Vegas: IEEE, 2016: 1646 - 1654.

[169] KIM J, LEE K J, LEE M K. Deeply-recursive convolutional network for image super-resolution[C]// Proceedings of the IEEE Conference on Computer Vision and Pattern Recognition. Las Vegas: IEEE, 2016: 1637 - 1645.

[170] SHI W, CABALLERO J, HUSZÁR F, et al. Real-time single image and video super-resolution using an efficient sub-pixel convolutional neural network[C]// Proceedings of the IEEE Conference on Computer Vision and Pattern Recognition. Las Vegas: IEEE, 2016: 1874 - 1883.

[171] DONG C, LOY C C, TANG X. Accelerating the super-resolution convolutional neural network[C]//European Conference on Computer Vision. Amsterdam:

Springer, 2016: 391 - 407.

[172] TONG T, LI G, LIU X J, et al. Image super-resolution using dense skip connections[C]//IEEE International Conference on Computer Vision. Venice: IEEE, 2017: 4809 - 4817.

[173] HUANG G, LIU Z, WEINBERGER K Q, et al. Densely connected convolutional networks[C]// Proceedings of the IEEE Conference on Computer Vision and Pattern Recognition. Honolulu: IEEE, 2017: 4700 - 4708.

[174] LEDIG C, THEIS L, HUSZÁR F, et al. Photo-realistic single image super-resolution using a generative adversarial network[C]//Proceedings of the IEEE Conference on Computer Vision and Pattern Recognition. Honolulu: IEEE, 2017: 4681 - 4690.

[175] WANG X T, YU K, WU S X, et al. ESRGAN: enhanced super-resolution generative adversarial networks[C]// Proceedings of the European Conference on Computer Vision Workshops. Munich: Springer, 2018,11133:63 - 79.

[176] WANG F, JIANG M Q, QIAN C, et al. Residual attention network for image classification[C]// Proceedings of the IEEE Conference on Computer Vision and Pattern Recognition. Honolulu: IEEE, 2017: 3156 - 3164.

[177] VASWANI A, SHAZEER N, PARMAR N, et al. Attention is all you need[J]. Advances in Neural Information Processing System,2017(5):5998 - 6008.

[178] ZHANGY L, LI K P, LI K, et al. Image super-resolution using very deep residual channel attention networks[C]//Proceedings of the European Conference on Computer Vision (ECCV). München: Springer, 2018: 286 - 301.

[179] ZHANG K, ZUO W M, ZHANG L. Learning a single convolutional super-resolution network for multiple degradations [C]//Proceedings of the IEEE Conference on Computer Vision and Pattern Recognition. Salt Lake City: IEEE, 2018: 3262 - 3271.

[180] SHOCHER A, COHEN N, IRANI M. "Zero-shot" super-resolution using deep internal learning[C]//Proceedings of the IEEE Conference on Computer Vision and Pattern Recognition. Salt Lake City: IEEE, 2018: 3118 - 3126.

[181] BULAT A, YANG J, TZIMIROPOULOS G. To learn image super-resolution, use a gan to learn how to do image degradation first[C]//Proceedings of the European conference on computer vision (ECCV). München: Springer,2018: 185 - 200.

[182] YUAN Y, LIU S Y, ZHANG J W, et al. Unsupervised image super-resolution using cycle-in-cycle generative adversarial networks[C]// Proceedings of the IEEE Conference on Computer Vision and Pattern Recognition Workshops. Salt Lake

City: IEEE, 2018: 701 - 710.

[183] ZHU J Y, PARK T, ISOLA P, et al. Unpaired image-to-image translation using cycle-consistent adversarial networks[C]//Proceedings of the IEEE International Conference on Computer Vision. Venice: IEEE, 2017: 2223 - 2232.

[184] HU J, JIA X P, LI Y S, et al. Hyperspectral image super-resolution via intrafusion network[J]. IEEE Transactions on Geoscience and Remote Sensing, 2020, 58(10): 7459 - 7471.

[185] ARUN P V, BUDDHIRAJU K M, PORWAL A, et al. CNN-based super-resolution of hyperspectral images[J]. IEEE Transactions on Geoscience and Remote Sensing, 2020, 99: 1 - 16.

[186] HU J W, TANG Y, FAN S S. Hyperspectral image super resolution based on multiscale feature fusion and aggregation network with 3-D convolution[J]. IEEE Journal of Selected Topics in Applied Earth Observations and Remote Sensing, 2020, 13: 5180 - 5193.

[187] JIANG J J, SUN H, LIU X M, et al. Learning spatial-spectral prior for super-resolution of hyperspectral imagery[J]. IEEE Transactions on Computational Imaging, 2020, 6: 1082 - 1096.

[188] LIEBEL L, KÖRNER M. Single-image super resolution for multispectral remote sensing data using convolutional neural networks[C]//Proceedings of the ISPRS-International Archives of the Photogrammetry, Remote Sensing and Spatial Information Sciences Congress. Prague: Springer, 2016: 883 - 890.

[189] MEI S H, YUAN X, JI J Y, et al. Hyperspectral image spatial super-resolution via 3D full convolutional neural network[J]. Remote Sensing, 2017, 9(11): 1139 - 1139.

[190] LI Y S, HU J, ZHAO X, et al. Hyperspectral image super-resolution using deep convolutional neural network[J]. Neurocomputing, 2017, 266: 29 - 41.

[191] HU J, LI Y S, XIE W Y. Hyperspectral image super-resolution by spectral difference learning and spatial error correction[J]. IEEE Geoscience and Remote Sensing Letters, 2017, 14(10): 1825 - 1829.

[192] ZHENG K, GAO L R, RAN Q, et al. Separable-spectral convolution and inception network for hyperspectral image super-resolution[J]. International Journal of Machine Learning and Cybernetics, 2019, 10(10): 2593 - 2607.

[193] JIA J R, JI L Y, ZHAO Y C, et al. Hyperspectral image super-resolution with spectral-spatial network[J]. International Journal of Remote Sensing, 2018, 39(22): 7806 - 7829.

[194] HU J, SHEN L, SUN G. Squeeze-and-excitation networks[C]// Proceedings of

the IEEE Conference on Computer Vision and Pattern Recognition. Salt Lake City: IEEE, 2018: 7132 - 7141.

[195] YUAN Y, ZHENG X T, LU X Q. Hyperspectral image superresolution by transfer learning [J]. IEEE Journal of Selected Topics in Applied Earth Observations and Remote Sensing, 2017, 10(5): 1963 - 1974.

[196] HE Z, LIU L. Hyperspectral image super-resolution inspired by deep laplacian pyramid network[J]. Remote Sensing, 2018, 10(12): 1939.

[197] LAI W S, HUANG J B, AHUJA N, et al. Deep laplacian pyramid networks for fast and accurate super-resolution[C]// Proceedings of the IEEE Conference on Computer Vision and Pattern Recognition. Honolulu: IEEE, 2017: 624 - 632.

[198] ULYANOV D, VEDALDI A, LEMPITSKY V. Deep image prior [C]// Proceedings of the IEEE Conference on Computer Vision and Pattern Recognition. Salt Lake City: IEEE,2018: 9446 - 9454.

[199] BIOUCAS-DIAS J M, PLAZA A, DOBIGEON N, et al. Hyperspectral unmixing overview: geometrical, statistical, and sparse regression-based approaches[J]. IEEE Journal of Selected Topics in Applied Earth Observations and Remote Sensing, 2012, 5(2): 354 - 379.

[200] ZHANG L, WEI W, BAI C C, et al. Exploiting clustering manifold structure for hyperspectral imagery super-resolution [J]. IEEE Transactions on Image Processing, 2018, 27(12): 5969 - 5982.

[201] DIAN R W, LI S T. Hyperspectral image super-resolution via subspace-based low tensor multi-rank regularization[J]. IEEE Transactions on Image Processing, 2019, 28(10): 5135 - 5146.

[202] LECUN Y, BENGIO Y, HINTON G. Deep learning[J]. Nature, 2015, 521: 436 - 444.

[203] SZE V, CHEN Y H, YANG T J, et al. Efficient processing of deep neural networks: a tutorial and survey[J]. Proceedings of the IEEE, 2017, 105(12): 2295 - 2329.

[204] WANG Y, YAO H X, ZHAO S C. Auto-encoder based dimensionality reduction [J]. Neurocomputing, 2016, 184: 232 - 242.

[205] ZHANG T, QI G J, XIAO B, et al. Interleaved group convolutions[C]// Proceedings of the IEEE International Conference on Computer Vision. Venice: IEEE, 2017: 4373 - 4382.

[206] CHOLLET F. Xception: deep learning with depthwise separable convolutions [C]// Proceedings of the IEEE Conference on Computer Vision and Pattern Recognition. Venice: IEEE, 2017: 1251 - 1258.

[207] GOODFELLOW I J, POUGET-ABADIE J, MIRZA M, et al. Generative adversarial nets[C]// International Conference on Neural Information Processing Systems. Montreal: IEEE,2014: 2672 - 2680.

[208] YASUMA F, MITSUNAGA T, ISO D, et al. Generalized assorted pixel camera: postcapture control of resolution, dynamic range, and spectrum [J]. IEEE Transactions on Image Processing, 2010, 19(9): 2241 - 2253.

[209] NGUYEN R M, PRASAD D K, BROWN M S. Training-based spectral reconstruction from a single RGB image[C]//European Conference on Computer Vision. Zurich: Springer,2014: 186 - 201.

[210] 张少磊，付光远，汪洪桥，等. 基于向量总变差约束局部光谱解混的高光谱图像超分辨[J]. 光学精密工程，2019，27(12)：2683 - 2692.

[211] HE W, ZHANG H Y, ZHANG L P, et al. Total-variation-regularized low-rank matrix factorization for hyperspectral image restoration[J]. IEEE Transactions on Geoscience and Remote Sensing, 2016, 54(1): 178 - 188.

[212] ZHAO X L, WANG F, HUANG T Z, et al. Deblurring and sparse unmixing for hyperspectral images[J]. IEEE Transactions on Geoscience and Remote Sensing, 2013, 51(7): 4045 - 4058.

[213] AKHTAR N, SHAFAIT F, MIAN A. Bayesian sparse representation for hyperspectral image super resolution[C]//Proceedings of the IEEE Conference on Computer Vision and Pattern Recognition. Boston: IEEE, 2015: 3631 - 3640.

[214] STUTZ D, HERMANS A, LEIBE B. Superpixels: an evaluation of the state-of-the-art[J]. Computer Vision and Image Understanding, 2018, 166: 1 - 27.

[215] YAO J, BOBEN M, FIDLER S, et al. Real-time coarse-to-fine topologically preserving segmentation[C]// Proceedings of the IEEE Conference on Computer vision and Pattern Recognition. Boston: IEEE, 2015: 2947 - 2955.

[216] DONG C, LOY C C, HE K M, et al. Image super-resolution using deep convolutional networks[J]. IEEE transactions on Pattern Analysis and Machine Intelligence, 2016, 38(2): 295 - 307.

[217] ZHANG N, WANG Y C, ZHANG X, et al. An unsupervised remote sensing single-image super-resolution method based on generative adversarial network[J]. IEEE Access, 2020, 8: 29027 - 29039.

[218] LIM B, SON S, KIM H, et al. Enhanced deep residual networks for single image super-resolution[C]// The IEEE Conference on Computer Vision and Pattern Recognition (CVPR) Workshops. Honolulu:IEEE, 2017: 136 - 144.

[219] LEI S, SHI Z W, ZOU Z X. Super-resolution for remote sensing images via local-

global combined network[J]. IEEE Geoscience and Remote Sensing Letters, 2017, 14(8): 1243 - 1247.

[220] XIE S, GIRSHICK R, DOLLÁR P, et al. Aggregated residual transformations for deep neural networks[C]//Proceedings of the IEEE Conference on Computer Vision and Pattern Recognition. Honolulu:IEEE, 2017: 1492 - 1500.

[221] ARAD B, BEN-SHAHAR O. Sparse recovery of hyperspectral signal from natural RGB images[C]//European Conference on Computer Vision. Amsterdam: Springer, 2016: 19 - 34.

[222] FU Y, ZHENG Y R, ZHANG L, et al. Spectral reflectance recovery from a single RGB image[J]. IEEE Transactions on Computational Imaging, 2018, 4(3): 382 - 394.

[223] ARAD B, TIMOFTE R, BEN-SHAHAR O, et al. NTIRE 2020 challenge on spectral reconstruction from a RGB image[C]//Proceedings of the IEEE/CVF Conference on Computer Vision and Pattern Recognition Workshops. Seattle: IEEE, 2020: 446 - 447.

[224] SHI Z, CHEN C, XIONG W Z, et al. Hscnn +: advanced cnn-based hyperspectral recovery from RGB images [C]// Proceedings of the IEEE Conference on Computer Vision and Pattern Recognition Workshops. Salt Lake City: IEEE, 2018: 939 - 947.

[225] ZHANG L, LANG Z Q, WANG P, et al. Pixel-aware deep function-mixture network for spectral super-resolution[C]//Proceedings of the AAAI Conference on Artificial Intelligence. Seattle: IEEE, 2020: 12821 - 12828.

[226] LI J, FANG F, MEI K, et al. Multi-scale residual network for image super-resolution[C]// Proceedings of the European Conference on Computer Vision (ECCV). Munich: Springer, 2018: 517 - 532.

[227] LI X Y, ZHANG L F, YOU J. Domain transfer learning for hyperspectral image super-resolution[J]. Remote Sensing, 2019, 11(6): 694.

[228] DAI T, CAI J R, ZHANG Y B, et al. Second-order attention network for single image super-resolution[C]//Proceedings of the IEEE Conference on Computer Vision and Pattern Recognition. Long Beach: IEEE, 2019: 11065 - 11074.

[229] LIJ J, WU C X, SONG R, et al. Adaptive weighted attention network with camera spectral sensitivity prior for spectral reconstruction from RGB images [C]//Proceedings of the IEEE/CVF Conference on Computer Vision and Pattern Recognition Workshops. Seattle: IEEE, 2020: 462 - 463.

[230] 戴晓爱，郭守恒，任清，等. 基于堆栈式稀疏自编码器的高光谱影像分类[J]. 电子

科技大学学报，2016，45(3)：382－386.

[231] WANG L Z，ZHANG J B，LIU P，et al. Spectral-spatial multi-feature-based deep learning for hyperspectral remote sensing image classification [J]. Soft Computing，2017，21(1)：213－221.

[232] LI Y S，XIE W Y，LI H Q. Hyperspectral image reconstruction by deep convolutional neural network for classification[J]. Pattern Recognition，2016，63：371－383.

[233] SONG W W，LI S T，KANG X D，et al. Hyperspectral image classification based on KNN sparse representation[C]// Proceedings of the IGARSS 2016 － 2016 IEEE International Geoscience and Remote Sensing Symposium. Beijing：IEEE，2016：2411－2414.